大展好書　好書大展
品嘗好書　冠群可期

大展好書　好書大展
品嘗好書　冠群可期

熱門新知 9

保護身體的
免疫構造

才園哲人／著
施 聖 茹／譯

品 冠 文 化 出 版 社

前言

人類從許多生物身上學習到各種智慧。例如，看到在空中飛翔的鳥，希望自己也能在天上自由飛翔，於是模仿鳥類翅膀的構造，發明機翼。日本新幹線的導電弓架也是根據鳥類翅膀的原理，設計出流體力學上阻力最少的構造。另外，超音波探測器則是模仿蝙蝠和海豚而發明的。

最早研究模仿生物的構造或功能而發明機械的人，是伽利略。現在，不只是生物的構造或功能，人類大量模仿生物所進行的各種化學反應、當成觸媒的酵素、膜和腦神經系統等，並將其應用在生活中，稱為「生物模仿技術」。

機器人就是最典型的例子。雙腳能夠走路、手指能夠活動和視覺認識等，都是從生物身上盜取的知識。不斷的進行研究，希望能更接近生物的功能。

此外，以鞭毛馬達等為範本，在微小機器上搭載超小型馬達的研究開發技術已經相當進步。預估下一代的電腦，將會是模仿腦神經系統神經元網路的神經元電腦。

一旦機械能夠完全發揮生物功能時，就會成為超越人類智慧的尖端技術的結晶。自然科學已經逐漸了解生物的構造及作用，並且加以模仿。

生物個體是由各種細胞組成的社會，擁有嚴密且精細的秩序。多細胞生物藉著免疫系統（生物防護構造）、荷爾蒙系統、腦神經系統等能夠維持社會秩序的系統，保持生物的恆定性。

一個人的身體是由現在世界人口一千倍的六十兆個細胞所構成的社會。能夠維持數十年的秩序，全都仰賴精緻的社會系統之賜。

免疫系統（生物防禦構造）是保護生物抵禦外敵、內部叛亂者及恐怖份子破壞的完美防禦系統。免疫系統（生物防禦構造）能夠避免敵人入侵及攻擊之害，消滅無法無天的破壞者。

生物防禦構造包括專門監視敵人或內部叛亂的常備軍，以及為了防禦外敵入侵而訓練的特攻隊。這是能夠正確的識別自己或異己、保護生物（自己）並抵抗敵人（異己）的綜合系統。對於任何未知的敵人具有加以應付的柔軟性和多樣性。這種特異性和多樣性就是生物防禦構造所擁有的最大優點。即使生物防禦構造進行再劇烈的戰鬥，也都是僅止於身體內部的戰爭，絕對不會波及體外，亦即是徹底進行防衛的自衛軍。

自然科學從生物身上獲取各種智慧，藉著模仿而不斷的進步，人類也應該從生物身上學習各種自衛之道。生物的生物維持系統也許隱藏著能夠實現沒有恐怖主義或戰爭的地球社會的線索。

為求淺顯易懂，本書盡量簡單扼要的解說免疫系統（生物防禦構造）。同時要和大家一起來探索二十一世紀人類和國家存在的啟示。

對於協助本書出版以及提供免疫學最新資訊和文獻資料的各界人士，在此衷心表示感謝之意。

才園　哲人

目錄

Part 3 與生物防禦有關最強的軍備

Part 4
從歷史上看生物防禦構造的發現

Part 5 生物防禦構造與疾病

屍體會立刻腐爛

除了自己之外，全都是敵人

體內經常出現叛亂者！

敵人不只是生物而已

能夠抵禦任何新型敵人的多樣性

自我認證是鑰匙科技

完美的邊際防衛網

多重防衛網

正確記載曾經發動攻擊的敵人的記錄

Part 1

人體內充滿敵人

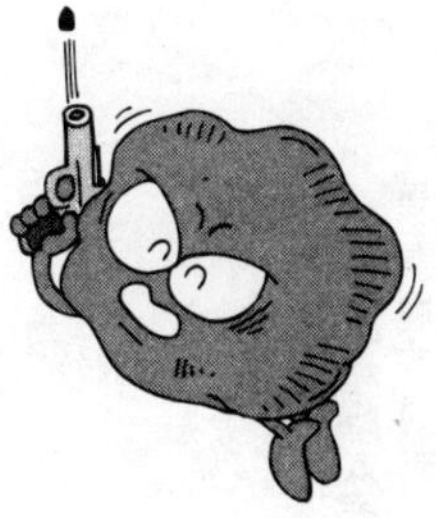

1 屍體會立刻腐爛

⊙只要活著，屍體就不會腐爛

在發生意外事故時，常常會聽到：「鄰居聞到異臭報警，警方前往展開調查，結果在屋內發現上吊女性的屍體。由遺體腐爛的狀況研判，應該已經死亡一個多月……」或「在遺體散亂的事故現場，瀰漫著屍臭……」等的報導。

生物的身體死亡數天後會開始腐爛，若是在嚴熱的夏天，則大約一、二天內就會腐爛。

可能有人聽過「生爛的鯖魚」這種說法，事實上，生物只要「活著」，身體就不會腐爛，活著表示新鮮。人類能夠數十年甚至百年以上保持新鮮的身體，確實令人驚異。

⊙為什麼屍體會立刻腐爛呢？

爲什麼屍體會立刻腐爛，活著的生物卻不會腐爛呢？

人體周圍及體內存在著大量細菌。光是將空氣中瓊膠培養基放入

●生爛的鯖魚
這是提醒大家在容易腐爛的海鮮類中鯖魚是最容易腐爛的一句諺語。

●瓊膠培養基
利用瓊膠凝固出含有微生物增殖所需養分的培養基。

人體經常遭受攻擊！

培養皿的蓋打開幾分鐘，就會繁殖出數千個細菌。細菌中存在著許多腐敗菌。在人體內的消化管中，則棲息了很多細菌。

如果對這些細菌毫無防備，那麼，生物內的細菌就會立刻增殖，引起腐敗。腐敗的臟器內會出現蛋白酶等各種酵素。這些酵素會溶解身體，營造出腐敗菌容易增殖的環境。

細菌和酵素的作用，會使死亡的生物迅速腐爛。因腐爛而分解出來的身體成分，可以成為植物等的營養素，再次吸收到生命之中。這種互為餌食的現象，稱為生物循環。

⊙人體神奇的生物防禦構造

為什麼生物能夠抵禦腐敗菌強大的攻擊而不會腐爛，能夠持續生存呢？

這是因為人體具備保護身體的生物防禦構造，能夠避免遭受腐敗菌的侵害。

高等動物的生物防禦構造主角是免疫系統。不只是腐敗菌，空氣中和人體周圍還存在著各種病原菌。為了保護身體免於外敵侵襲，生物防禦構造＝免疫系統，必須時時刻刻嚴密監視，擴大防衛戰爭。

●**培養皿**
培養微生物等所使用的由玻璃或塑膠製成附蓋子的圓盤。

●**蛋白酶**
蛋白分解酶的總稱，種類繁多。

●**生物循環**
生物互為餌食的食物鏈。動物的屍體被微生物分解，而成為植物的營養源，而植物再變成動物的餌食，成為完整的生物循環。

保護身體的免疫系統

當然，外敵不只是腐敗菌和病原菌，還有各種化學物質、異物，以及像**癌細胞**等體內的叛亂者，這些都是應該監視的目標。

免疫系統就是能夠避免任何恐怖份子逃走、不讓敵人有機可乘的強大自我防衛系統。

最強的生物防禦構造到底是什麼樣的構造？具有哪些軍隊和軍備？接下來會繼續深入探討。

●**癌細胞**
癌化的細胞。正常細胞的基因（DNA）產生異狀，導致細胞的癌化，而異常增殖。

2 除了自己之外，全都是敵人

⊙認識敵人是防禦、攻擊的第一步

無論是遊戲或戰爭，作戰的第一步就是要認識敵人。例如，足球賽或是橄欖球賽，雙方會穿著顏色和圖案不同的制服（運動服或運動褲），藉此分辨敵我。戰爭也是如此。像游擊戰及與恐怖份子作戰的難處，就在於敵人會混入無辜的民眾中，混淆判斷力。

一旦追蹤犯罪者混入人群中，就很難加以逮捕，原因是無法識別犯罪者的緣故。

因此，無論是遊戲或戰爭，防禦、攻擊的第一步，就是要認識敵人。掌握敵人的身份和行動非常重要，但是，識別敵人卻很困難。敵人的種類相當多，而且不斷的出現新的敵人。這時，辨別敵人的唯一方法就是認識同伴。除了同伴之外，其他的全都是敵人。

就像『忠臣藏』在戰場上所使用的「山與川」的暗號一樣，首先要認識同伴。

是同伴還是敵人？

3 體內經常出現叛亂者！

⊙人體有六十兆個細胞

只要注意細菌等外敵就沒問題了嗎？事實並非如此。人體是由二百多種即六十兆個細胞所構成。現在世界人口約六十億人，多達其一千倍的細胞互相協調、合作，構成人體，維持功能及生存。

六十億人口中包括罪犯者和恐怖份子，而六十兆個細胞中也同樣有叛逆者。

⊙癌細胞是叛逆者的代表

叛逆者的代表，就是癌細胞。癌化的細胞會破壞秩序，不斷的增殖，最後導致宿主死亡。體內的叛逆者比外敵的威脅更大。生物防禦構造不可忽略這個體內的反叛大敵。

與外敵不同，體內的反叛者原本就是自己的細胞，所以，知道互相使用的暗號，結果使得原本能夠分辨自己、異己的生物防禦構造，也很難發現這種棘手的敵人，而且敵人一旦開始增殖，就很難加以排

•**癌細胞**
↓參考二十五頁

體內也存在著恐怖份子

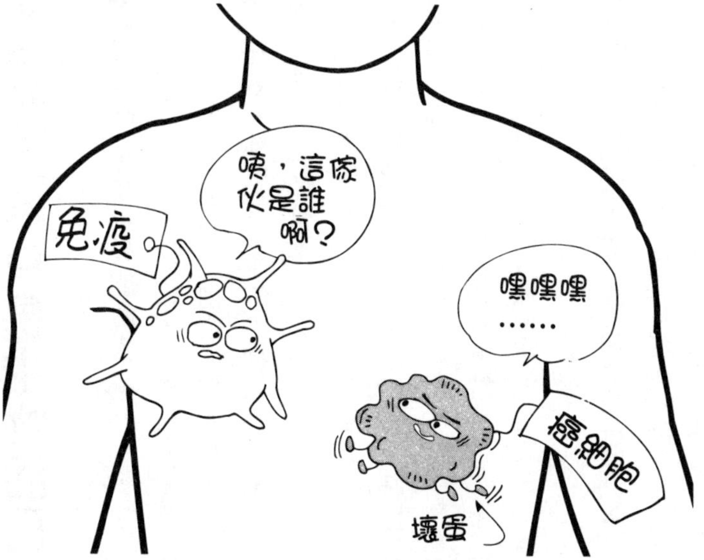

除。

因此，不只是體外，生物也必須對體內架起監視網。如果發現反叛者，就要立刻調整層層的防禦機制，殲滅反叛者，並摘除反叛的根源。

人類體內的癌細胞不會發病而能夠健康的生活，就是因爲生物防禦構造經常排除癌化的細胞所致。

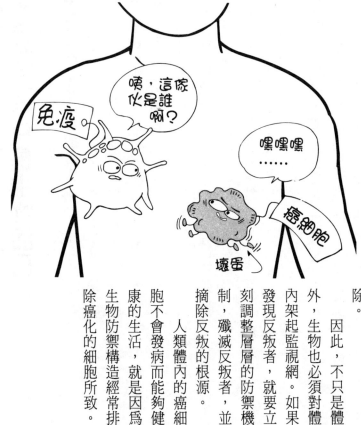

4 敵人不只是生物而已

⊙威脅生命的生物以外的敵人

人類最大的敵人是人類，生物最大的敵人是生物。生物的生物防禦構造，將自己以外的生物全都當成敵人並加以排除。事實上，生物周遭存在著各種威脅生命的生物以外的敵人。不過，萬全的防禦構造能夠抵禦外敵，維持生命。

例如，雖然陽光中的紫外線會損害生物的設計圖DNA，但是，吸收紫外線的物質黑色素或汗中所含的咪唑丙烯酸等，可以保護生物，避免直接曝露在紫外線中。

另外，肝臟的分解酶能夠分解各種化學物質，使其無毒化。而受損的DNA則具備修復成原序列的功能。

⊙抗體是生物防禦中極為重要的免疫機制

生物防禦構造的範圍相當的廣泛，本書無法詳細的完整探討。

總之，生物會利用各種手段保護自己，維持生命。對於肽或蛋白

- **DNA** DNA就是去氧核糖核酸，是基因物質的本體。
- **黑色素** 它是決定膚色的色素，能夠吸收紫外線，使其擴散。
- **咪唑丙烯酸** 汗中所含的化學物質，能夠吸收紫外線。

敵人不只是細菌而已！

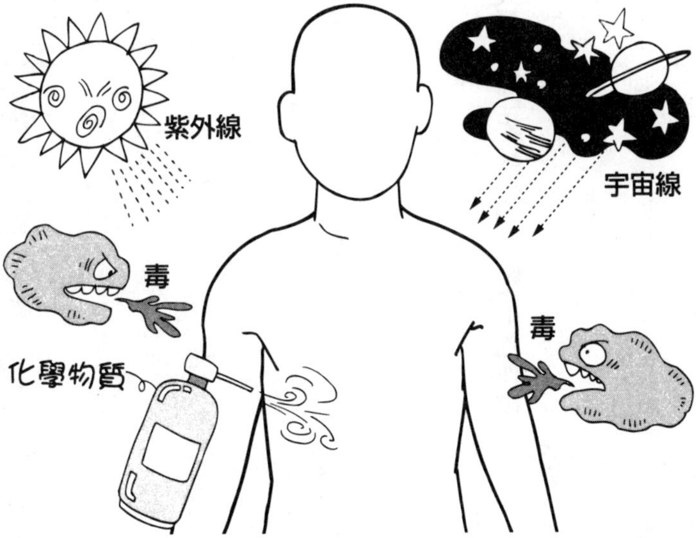

質等毒物，會製造加以中和並使其無毒化的抗體。抗體是抵抗病原菌的重要防禦機制。稍後會詳細的介紹。

我們的生活環境充斥著紫外線、宇宙線、各種微生物和化學物質等敵人。它們就像偷渡者或恐怖份子一樣，經常偷襲人體。

●肽

由二～三十個氨基酸藉著肽連接而成的物質。具有各種生理活性。是蛋白質的消化分解物。

●蛋白質

由五十～一百個氨基酸藉著肽連接而成的高分子化合物。是構成生物的主要成分。

5 能夠抵禦任何新型敵人的多樣性

⊙隨著不同敵人而改變應變方式的生物防禦構造

我們的生活環境充斥著各種敵人，而生物對於不同的敵人會出現不同的應對方式或防禦行動。生物防禦構造會針對敵人的特性而選擇適合的武器進行攻擊，即使是出乎意料之外的新型敵人或改變形態的敵人，也會加以消滅。

針對敵人特性加以攻擊的方法稱爲**特異性**，而能夠應付各種敵人的能力則稱爲**多樣性**。生物防禦構造就是兼具特異性和多樣性的完美防禦構造。

⊙負責發揮免疫功能的細胞的作用

細菌的種類不勝枚舉，甚至可以透過突變、蒙面或變裝產生新的形態。

生物必須抵禦任何新型的細菌以保護身體。其中有一種方法稱爲邊際防衛策略。就是架起非特異的防衛網，防止任何細菌入侵。發現

•特異性（specificity）
免疫學而言，是指認識某種特定的異物（敵人）並加以攻擊的能力。

•多樣性（diversity）
指種類多樣。就免疫學而言，則是指能夠對付各種異物（敵人）的能力。

免疫系統的監控十分嚴密

入侵者，立刻加以擊滅。

對付入侵者的第一層防禦構造，是皮膚和黏膜。皮膚和黏膜是與外界直接接觸的城牆，具弱酸性，可以避免敵人物理性、化學性的侵襲。

其次，負責非特異防禦的是**巨噬細胞**或稱為**粒細胞**的**免疫細胞**。稍後會詳細敘述其消滅敵人的機制。總之，這些負責免疫的細胞發現入侵者時，就會不分對象，立刻將其吞噬、攻擊或殺死。

另外，巨噬細胞會通知特異免疫部隊敵人入侵的消息。為了防止非特異防衛網被突破，得知消息的免疫特攻隊會根據訊息，調整出對付入侵者特徵的迎擊體制。

⊙主力部隊是B細胞與殺手T細胞

這種特異的防禦機制必須動員各種免疫細胞和武器。到底是何種體制、要動員多大的兵力或武器，則根據從巨噬細胞那兒接收訊息的**輔助T細胞**來決定。不僅要釋放各種細胞激素（**淋巴激素**）等資訊物質，還要動員必要的兵力及武器。如果敵人曾經入侵過，那麼，基於當時的記錄（記憶），立刻可以展開戰鬥。如果是初次遇到的敵人，

•巨噬細胞　阿米巴原蟲狀的免疫細胞，具有吞食能力，成為常備軍，與初動免疫有關。又稱為貪食細胞。

•粒細胞　又稱為多形核白血球。是在細胞內含有許多顆粒的免疫細胞，包括嗜中性白細胞、嗜鹼性白細胞、嗜酸性白細胞等。

•免疫細胞　與免疫有關的細胞的總稱。

輔助T細胞與B細胞的作用

我是發射飛彈的攻擊部隊！
我是準備武器和下達指令的司令塔！
輔助T細胞
B細胞

則約需二、三週的準備時間。

特異防衛網的主要兵力是B細胞和殺手T細胞。B細胞會射出只以入侵的敵人爲目標而加以消滅的抗體飛彈。殺手T細胞則會包圍被敵人感染的細胞，將其破壞。換言之，就是認識特定的敵人，採取集中攻擊法，力量十分強大。由於這些武器具備多樣性，所以能夠擊潰各種敵人。

那麼，到底如何發揮這種多樣性呢？稍後會詳加解說。

生物具有非特異及特異這二種性質的防禦構造，兩者攜手合作，藉著銅牆鐵壁般的守備，防止外敵入侵。

●**輔助T細胞**　會產生各種淋巴激素，是免疫系統中具有司令塔作用而控制B細胞和殺手T細胞的分化或增殖的T細胞，具有Th1和Th2。

●**淋巴激素**　是細胞所生產的蛋白性因子的總稱，對於其他細胞的增殖或分化，具有各種作用。

●**B細胞**　是淋巴球的一種，分化活化形成漿（形質）細胞而產生抗體。

●**殺手T細胞**　會包圍細菌、病毒感染細胞、癌細胞等的靶細胞，殺死靶細胞的細胞。是細胞性免疫的主角。

6 自我認證是鑰匙科技

⊙從識別敵人開始

屋內沒人留守時要上鎖，避免小偷闖空門。政府爲了防範罪犯或難民入境，會嚴格檢查護照或簽證等，而最近爲防止電腦被**駭客**等入侵，會設定密碼。

這些都是一種自我認證系統。

這種自我認證系統並非識別自己，而是將沒有鑰匙、護照、密碼的對象視爲敵人，加以排拒。

因此，對於擁有備用鑰匙或持有假護照的人，無法發揮自我認證功能，而會被輕易闖關。這種自我認證系統源自於爲打開東西而上鎖的構想。更安全的防衛入侵者系統原本應該是關閉的，必須經過自我認證後才會開放。

自我認證系統包括認識敵人而加以拒絕或認識同伴而准許進入這二種機制。後者則是更嚴格的自我認識法。

近年來，陸續開發出各種的指紋、聲紋、視網膜等的個人認證系

●**駭客** 採取不正當的手段存取、偷看電腦資料或加以竄改的人。

證明自己是一件很困難的事

統。進入建築物或電腦之前，必須先登入指紋、聲紋、視網膜等，經認證後才得以通行。

生物防衛構造的自我認證也不是認識敵人，而是將所有人都當成敵人加以排拒，只有事先登記的自己才獲得認證。

7 完美的邊際防衛網

⊙生物體是鎖國狀態嗎？

生物體是封閉的世界，呈現鎖國狀態，守備相當堅固。

事實上，不是嚴格防禦體外的物質，而是將體內的物質都視為敵人並加以排拒。由於是連自己都拒絕的系統，所以，生物防禦非常的完善。然而，如果連自己都拒絕就無法存活，那麼，要如何解決這種矛盾狀態呢？

在發生後期的胎兒到剛出生的新生兒期，生物防禦構造的主力免疫系統已經完成了。

在這個時期，**免疫系統的細胞**接受自我認證教育，被訓練成不能拒絕或攻擊唯一的例外，即自己。就算認識敵人的訓練再怎麼嚴格，但還是可能會疏忽出其不意的新型敵人。因此，採取認識自己而非認識敵人的方法，能夠防範任何敵人。

換言之，這就是在充斥未知敵人的狀態下，能夠在邊際完美的阻絕敵人的唯一方法。

●**免疫系統的細胞**
與免疫反應有關的細胞。

首先要好好的認識自己

只要看臟器移植的情況，就能了解這種生物自我認證系統到底有多嚴密。同樣是人類的臟器，但只要是別人的東西就會被視爲異物（敵人）而加以排拒，稱爲排斥反應。生物只能接受自己的臟器。

生物會將自我認證法當成生物防禦構造的鑰匙科技，保護身體免於外敵的侵襲。

8 多重防衛網

⊙再完善的系統還是可能會被突破

即使自我認證是非常完美的防衛系統，但生物還是假設防衛網可能會被敵人突破，採取多重防衛機制。如果是在短時間內遭受大量敵人的攻擊（濃縮感染），邊際防衛網就可能會被破壞。此外，體內也可能會出現反叛者、恐怖份子（癌細胞等），這時體表的邊際作戰會完全失效。

因濃縮感染等而體內遭敵人入侵時，必須動員體內的**巨噬細胞**或**粒細胞**，展開激烈的攻防戰。巨噬細胞會一邊作戰，一邊派傳令兵通報敵人的種類，要求派遣特攻隊。

另外，巨噬細胞還會送出傳導物質，要求腦讓體溫上升，削弱敵人的力量，使防衛軍容易發揮作用。

⊙只會命中被感染的菌的誘導飛彈——抗體

接到報告的輔助T細胞，會對於適合攻擊敵人的特攻隊殺手T細

•濃縮感染
接觸高濃度的病原菌所引發的感染。

•巨噬細胞／粒細胞
→參考三十四頁

•輔助T細胞
→參考三十五頁

•B細胞／殺手T細胞
→參考三十五頁

邊際防衛到最終武器

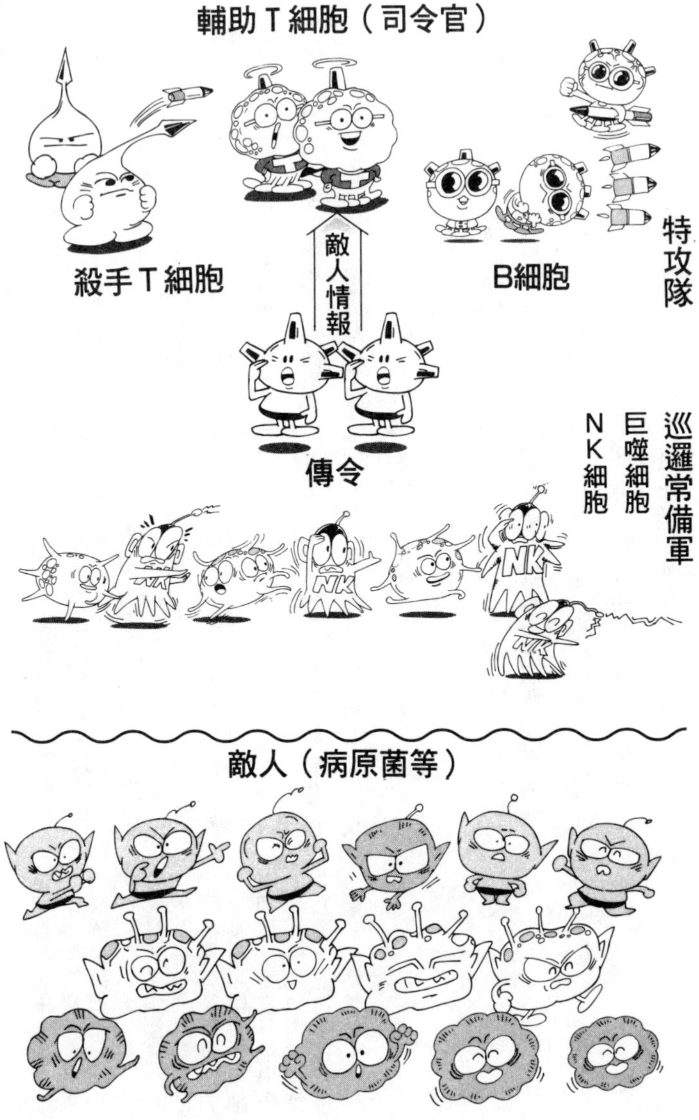

胞或B細胞下達出戰命令。B細胞需要花一、二週的時間做好迎擊準備。輔助T細胞則是巨噬細胞或粒細胞的支援部隊，會命令自然殺手細胞（NK細胞）或NKT細胞等緊急出動。NK細胞或NKT細胞是屬於監視、擊破體內反叛者或恐怖份子的專攻部隊，而且也會攻擊因感染而被敵人佔據的自己的細胞，協助防衛工作。

就在這些非特異部隊展開攻防戰時，特攻隊B細胞已經做好出戰準備，輪到特異免疫部隊出陣。

特攻隊能夠確實掌握敵人的特徵，進行強力攻擊。B細胞會生產認識敵人記號並擊斃敵人的誘導飛彈抗體，發射抗體。一般是設計成只會命中被感染的菌且加以擊破的飛彈，效力極強。

⊙NK細胞和NKT細胞是巡邏部隊

NK細胞或NKT細胞，會巡邏並監視體內有無反叛者或恐怖份子。一旦發現癌細胞，會立刻展開攻擊，趁其尚未增殖前加以排除。萬一自己抵擋不住，就會傳令給輔助T細胞，要求特攻隊殺手T細胞等出擊。殺手T細胞是接受特殊教育的格殺勿論部隊，只要發現體內有反叛者或恐怖份子，就會逐一擊滅。

●**自然殺手細胞**
監視癌細胞等生成的免疫細胞。

●**NKT細胞**
是自然殺手T細胞。具有最近發現的NK細胞與殺手T細胞這二種性質的淋巴球。在免疫監視構造方面，能夠發揮各種重要的活性。

人體遭受濃縮感染時會生病、發燒，約需一、二週才能復原，這是生物防衛網拚命進行攻防戰的緣故。

9 正確記載曾經發動攻擊的敵人的記錄

⊙何謂終生免疫？

罹患感染症時，B細胞和特攻隊會發射飛彈迎擊，其間約需一、二週。入侵的敵人最初是感染菌。生物防禦系統會詳細記錄（記憶）入侵敵人的特徵。

一旦相同的敵人再次入侵，防禦系統就會根據該記錄立刻發動特攻隊。

例如麻疹，因種類的不同，有人感染之後終生不會二次感染。這就是基於前述的記錄，建立堅固的防衛系統所致，稱爲終生免疫。就像天花，因爲接種疫苗的普及，使得天花從地球上消失。疫苗普及，使得全人類獲得免疫記憶。

⊙流行性感冒病毒與愛滋病毒

不過，即使有嚴密的記錄，也建立堅固的防衛網，還是可能會感染很多次。這是因爲敵人會變裝、整型，變換姿態發動攻擊所致。

●感染菌　具有傳染性的病原菌。

●麻疹　感染麻疹病毒的疾病。發病時，會出現發燒、全身性出疹等症狀。

●終生免疫　對於罹患過的感染症，終生會殘留免疫記憶，不會再度感染。

何謂免疫記憶？

生物會詳細記錄曾經侵入的敵人資料，稱為免疫記憶。一旦相同的敵人再度入侵，就會基於該記憶，立刻展開攻擊

像**流行性感冒病毒**等，就是擅長易容的病毒種類，記錄完全無效。

每年冬天，必須進行流行性感冒病毒的預防接種。**愛滋病毒**也是容易變形的病毒，很難研發出有效的疫苗。

- **天花**　感染天花病毒所造成的傳染力和死亡率非常高的傳染病。由於種牛痘的普及，現在已絕跡。
- **流行性感冒病毒**　引發流行性感冒的病原性病毒。
- **愛滋病毒**　HIV。引起愛滋病的病毒。

Part 2

辨識敵人的構造

1 同伴與敵人

⊙所有的細胞都有ID編號

生物防禦構造是在周遭充斥敵人的狀態下只認識同伴，即自己。人體由六十兆個細胞構成，而且細胞高達二百多種，具有不同特性，所以，要清楚的分辨自己的細胞相當困難。

除了紅血球等一部分的例外之外，所有細胞的表面都帶有可以當成同伴標幟，即相同ID編號的標幟分子，稱爲**主要組織相容性複體**（MHC：Major Histocompatibility Complex）。

⊙父親三種＋母親三種＝六位數的ID編號

標幟可能會被誤認。人類的MHC分子，有三種來自父親、三種來自母親，共六種的分子。細胞表面的六種MHC分子，稱爲CLASS－抗原（第一類抗原）。以ID編號來看，CLASSIMHC（第一類主要組織相容性抗原複合群）的六種分子就像位數一樣。換言之，所有細胞的表面都有六位數的ID號碼牌。

●**主要組織相容性複體**

MHC（Major Histocompatibility Complex）。存在於細胞表面，是為識別自身而使用的蛋白抗原。與此不符合的細胞或組織，全都視為異物並加以排除（排斥）。

●**CLASS－抗原**

MHC中由A、B、C這三種基因決定的蛋白，幾乎存在於所有細胞的表面。

人類的主要組織相容性複體(MHC)的分類與構造

大分類	
CLASS I	CLASS II
小分類	
HLA-A HLA-B HLA-C 或HLA-E、-F、-G 等等	HLA-DR HLA-DQ HLA-DP
構造	

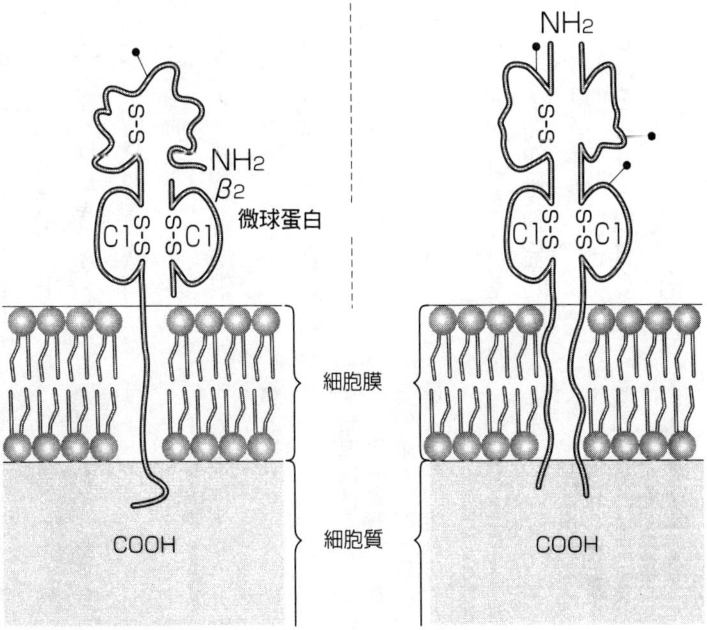

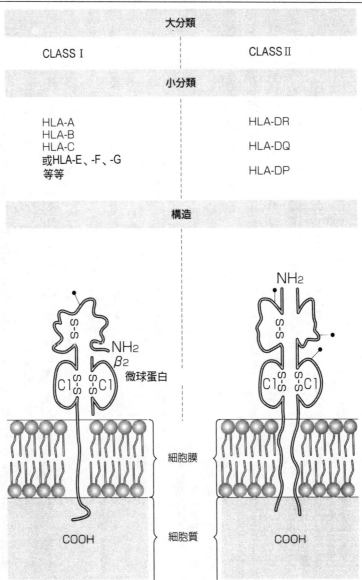

人類的MHC分子，是免疫球蛋白超級家族的蛋白分子，稱為HLA（Human Leukocyte Antigen）。CLASSⅠ HLA分為HLA-A、B、C這三種，是遺傳自父親和母親各一組的HLA-A、B、C。一個人類細胞具有六種（六位數）的標幟。而HLA-A有二十七種，HLA-B有六十種，HLA-C有十種基因型。

換言之，ID編號是由多種基因型組合而成的六位數。就像銀行的金融卡密碼，是由1到0這十種數字組合而成的四位數。

由此可知，MHC的ID編號非常複雜，幾乎沒有人其細胞表面的ID編號完全相同。

⊙兄弟姊妹相同的機率為四分之一

這就是臟器移植捐贈者很難找到的主要原因。即使是親子，也有一半不同。兄弟姊妹完全相同的機率只有四分之一，同卵雙胞胎的MHC則完全相同。因此，提供臟器移植的人多半是兄弟姊妹。

除了CLASSⅠ MHC之外，還有CLASSⅡ MHC（第二類主要組織相容性抗原複合群）等認識自己的標幟。幾乎所有的細胞都有CLASSⅠ MHC，而CLASSⅡ MHC則只存在

•免疫球蛋白超級家族　一群與抗體基因構造相似的T細胞受體基因。

•HLA　Human Leukocyte Anttigen。人類的MHC。

•臟器移植　對於臟器功能衰竭的患者，進行移植他人臟器的治療法。

•CLASSⅡ MHC　MHC中由DP、DQ、DR這三種基因決定的蛋白。只存在於與免疫有關的部分細胞表面。

HLA 基因的遺傳與多型性

■HLA 基因的遺傳

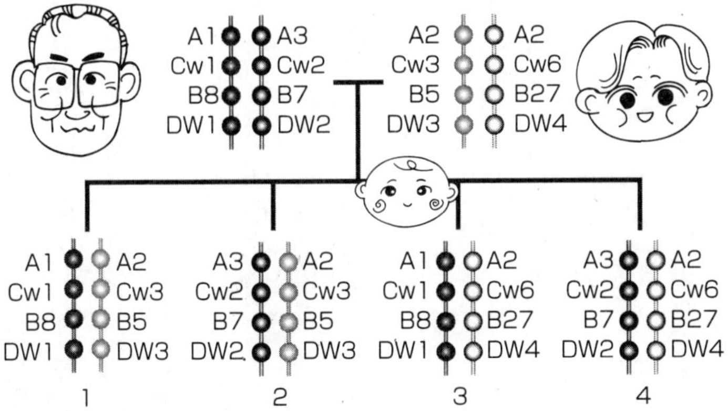

■HLA 的多型性

A	B		C	DR	DQ	DP
A1	B5	Bw50(21)	Cw1	DR1	DQw1	DPw1
A2	B7	B51(5)	Cw2	DR2	DQw2	DPw2
A3	B8	Bw52(5)	Cw3	DR3	DQw3	DPw3
A9	B12	Bw53	Cw4	DR4	DQw4	DPw4
A10	B13	Bw54(w22)	Cw5	DR5	DQw5(w1)	DPw5
A11	B14	Bw55(w22)	Cw6	DRw6	DQw6(w1)	DPw6
Aw19	B15	Bw56(w22)	Cw7	DR7	DQw7(w3)	
A23(9)	B16	Bw57(17)	Cw8	DRw8	DQw8(w3)	
A24(9)	B17	Bw58(17)	Cw9(w3)	DR9	DQw9(w3)	
A25(10)	B18	Bw59	Cw10(w3)	DRw10		
A26(10)	B21	Bw60(40)	Cw11	DRw11(5)		
A28	Bw22	Bw61(40)		DRw12(5)		
A29(w19)	B27	Bw63(15)		DRw13(w6)		
A30(w19)	B35	Bw64(14)		DRw14(w6)		
A31(w19)	B37	Bw65(14)		DRw15(2)		
A32(w19)	B38(16)	Bw67		DRw16(2)		
Aw33(w19)	B39(16)	Bw70		DRw17(3)		
Aw34(10)	Bw40	Bw71(w70)		DRw18(3)		
Aw36	Bw41	Bw72(w70)				
Aw43	B42	Bw73		DRw52		
Aw66(10)	B44(12)	Bw75(w15)				
Aw68(28)	B45(12)	Bw76(w15)		DRw53		
Aw69(28)	Bw46	Bw77(w15)				
Aw74(w19)	Bw47					
	Bw48	Bw4				
	B49(21)	Bw6				

於巨噬細胞等白血球、淋巴球和部分皮膚細胞、胸腺細胞等免疫系的細胞中。亦即CLASSⅠMHC是一般市民擁有的ID編號，而CLASSⅡMHC則像是只有軍人才擁有的ID編號。人類的CLASSⅡMHC包括HLA-DP、HLA-DQ、HLA-DR這三種。每個人都分別繼承來自父親和母親的標幟，形成六種（六位數）的ID編號。防衛軍的免疫系細胞，則另外還擁有一般市民共通的六種（六位數）標幟，因此，共計擁有十二種（十二位數）的ID編號。此外，HLA-DP有六種，HLA-DQ有九種，HLA-DR有二十種基因型。

⊙讀取識別編號的受體

免疫細胞表面的受體，能夠讀取龐大的識別編號。B細胞上的受體是**免疫球蛋白（抗體）分子**，T細胞上的受體則是**T細胞受體**。次節會詳細介紹識別構造。總之，這些受體可以識別MHC分子，或MHC分子上所反應的肽。若與登錄的自己不合，則全視爲異己（異物）加以攻擊排除。在充斥敵人的環境中，生物防禦構造透過這種嚴密的敵我辨識（認識自己），完善的保護自己，免於受到敵人的侵害。

•受體
受體存在於細胞表面，與特定物質結合，是將其訊息傳遞到細胞內的天線。

•免疫球蛋白分子
抗體分子。

•T細胞受體
存在於T細胞表面，是識別異物（抗原）的天線。

MHC 分子的整體像（CLASS Ⅰ）

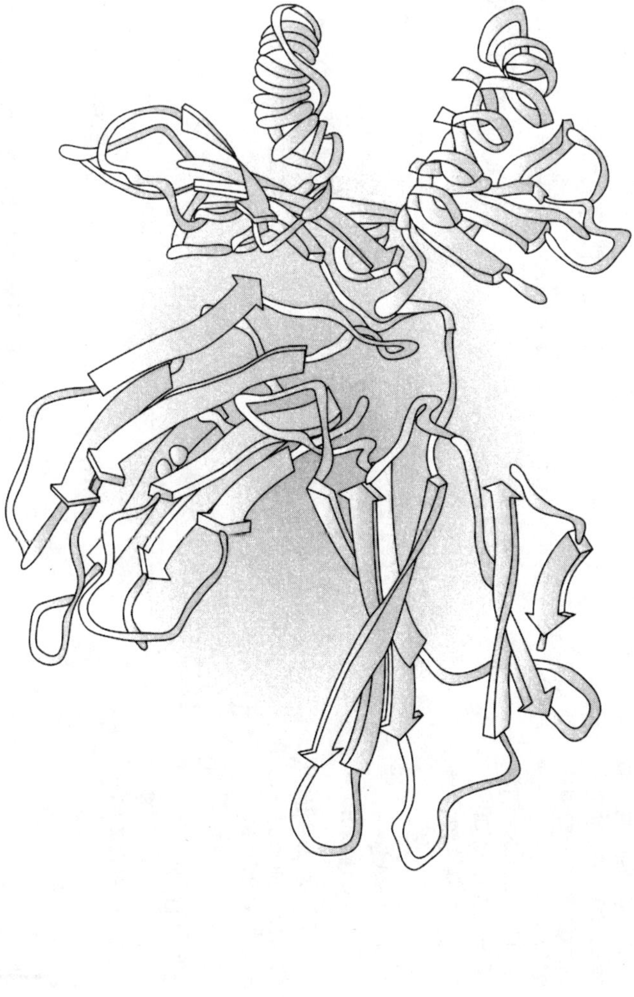

2 如何進行自我認證？

⊙受體認識的部分形態稍有不同

前節以ＩＤ編號爲例，介紹主要組織相容性複體（ＭＨＣ）。事實上，ＭＨＣ不只是數字，如五十一頁圖所示，是屬於**免疫球蛋白超級家族**的蛋白分子。

ＨＬＡ-Ａ、Ｂ、Ｃ和ＨＬＡ-ＤＰ、ＤＱ、ＤＲ，因個人基因型的不同，淋巴球上受體認識的部分形狀也各有不同。

具有立體構造的ＭＨＣ分子前端，有由九個**氨基酸**形成的抗原肽嵌入呈陷凹（穴狀）。這種窪形的形狀因人而異。

⊙巨噬細胞什麼都吃嗎？

巨噬細胞等貪食細胞會吞噬入侵體內的異物，將其消化分解。稍後會詳細解說巨噬細胞如何辨識異物。

巨噬細胞在九個氨基酸的肽，經過消化分化（稱爲抗原處理）之後，會讓肽嵌入自己的細胞表面ＭＨＣ分子的陷凹處（稱爲**抗原反應**

•免疫球蛋白超級家族
↓參考五十頁。

•氨基酸
構成肽或蛋白的分子內具有羰基和氨基的化合物。

•巨噬細胞
↓參考九十六頁

•抗原反應
巨噬細胞、樹狀細胞等會吞噬並消化異物（抗原）。其消化物會來到細胞表面，向輔助T細胞等傳遞入侵異物的特徵。

當異物侵入體內時……

巨噬細胞是雜食性細胞，會吞噬任何侵入體內的異物

）。巨噬細胞上的ＭＨＣ，與抗原肽結合所形成的具有T細胞受體的T細胞以及具有免疫球蛋白分子的B細胞會活化、增殖，同時集中攻擊擁有該抗原的敵人。

這時候，增殖、活化的淋巴球，是只對敵人展開特異攻擊的特攻隊，威力強大。對於曾經入侵過的敵人，能夠正確的加以記錄（記憶）。一旦相同的敵人再度入侵，就會立刻展開更強大的攻擊。

另外，像巨噬細胞等，隨時都能夠以同樣方式對抗任何外敵的方式，稱爲**自然免疫**。

而像淋巴球等，待敵人入侵時才會活化而且殘留記憶，則稱爲**後天免疫**（acguired immunity）。巨噬細胞如同偵察兵，具有第一線防衛軍的作用，淋巴球則會根據偵察兵的情報，召集並準備強大特攻隊來攻擊敵人。

●**自然免疫**　生物與生俱來的免疫力。

●**後天免疫**　藉由後天侵入異物的感染等而出現的免疫力，會成為免疫記憶保存下來。

⊙何謂淋巴球的涵蓋範圍？

我們的生活周遭充斥著未知的敵人，必須準備能夠抵抗各種敵人的特攻隊（淋巴球）。

那麼，是如何準備這些後備軍的呢？

特攻隊隨時整裝待命

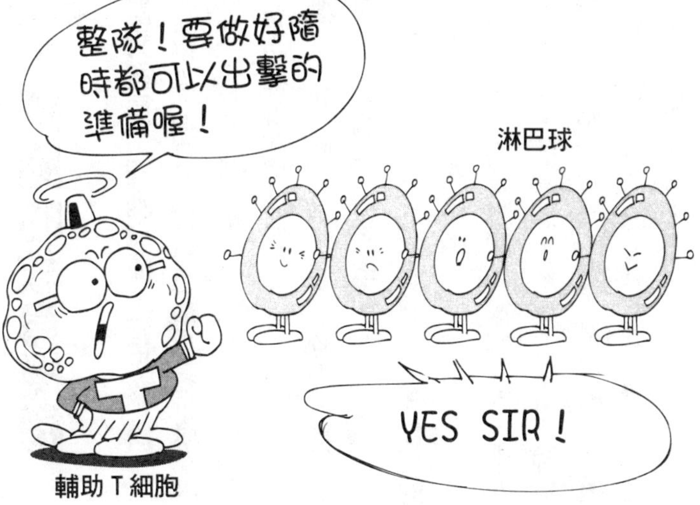
整隊！要做好隨
時都可以出擊的
準備喔！
淋巴球
YES SIR！
輔助T細胞

次節將會詳細介紹。總之，生物原本就備妥包括自身抗原在內而能夠對付許多抗原的特攻隊。這種多樣性稱爲淋巴球的**涵蓋範圍**。

做好萬全的準備之後，只要排除會對自身抗原產生反應的部隊，最後留下的就是只會對付敵人的特攻隊了。

● **涵蓋範圍**

每個B細胞和T細胞，其細胞表面的受體，只會與某種特定的抗原結合。因為擁有許多不同特異性的B細胞和T細胞，所以能夠對抗任何抗原（多樣性）。這種B細胞和T細胞其多樣性的範圍，就稱為負責免疫細胞的涵蓋範圍。

3 T細胞的教育機構

⊙胸腺能夠教育T細胞發揮正確攻擊

生物防禦構造具有會對包括自身抗原在內的許多物質產生反應的T細胞受體，藉此迎擊敵人。然而，一旦對自身抗原產生反應而加以攻擊時，生物就無法存活。

爲避免錯誤攻擊自身抗原，必須教育T細胞（挑選）。而教育T細胞的器官就是**胸腺**（Thymus）。

T細胞的T，就是取自胸腺（Thymus）的開頭字母。對T細胞而言，胸腺是非常重要的組織。

人類出生後，胸腺會開始慢慢變大。十五歲左右，約爲三十～三十五公克，是最大的狀態。然後，隨著年齡增長而逐漸變小。

胸腺是由被膜、皮質、髓質構成的。皮質具有網眼狀般而像迷宮的構造，表面會出現自身的HLA抗原，而且會反應出HLA以及來自自身各種肽的結合物。

●**自身抗原**
自身的抗原（細胞或蛋白）。

●**胸腺**
Thymus。是位於胸最上方、胸骨後方的免疫臟器，進行對T細胞的教育。在嬰幼兒期最為發達，會隨著年齡的增長而逐漸萎縮。

胸腺是T細胞的教育器官

胸腺是負責教育T細胞不可對自身抗原產生反應的器官

⊙胸腺中塞滿十億個T細胞

在胎兒期、新生兒期，造血幹細胞主要位於肝臟，接著於骨髓中製造出來，隨著血液循環聚集到胸腺，並在此猛烈的進行分裂增殖，分化成幼小的T細胞，在細胞表面與各種T細胞標幟一起形成T細胞受體。

胸腺中塞滿十億個T細胞，每個細胞的T細胞受體都稍有不同，結合的抗原與結合的強度也有所差異。在這個階段，存在著其T細胞受體會與自己的MHC或自身抗原強力結合的T細胞，以及其T細胞受體完全不會與MHC分子產生反應的T細胞。

在通過如迷宮般的胸腺皮質時，迷宮壁出現的自身MHC或與其結合的自身抗原，會篩選出未來可以成為特攻隊的T細胞。這就是在胸腺進行的T細胞教育。

⊙體內配備實行英才教育的T細胞

不會和任何MHC或自身抗原產生反應的T細胞，因為不具自我認證的功能，所以，無法發揮特攻隊的作用而會被排除。反之，會與自己的MHC或自身抗原產生強烈反應的T細胞，因為具有自我攻擊

●**造血幹細胞**
存在於骨髓中，具有能夠分化成血球系細胞的能力。

●**迷宮壁**
胸腺中宛如迷宮般，其壁有MHC分子（自身抗原）。T細胞藉著與這個自身抗原的反應性而形成負的選擇，結果無法與自身產生反應。

排除可能會攻擊自己的細胞

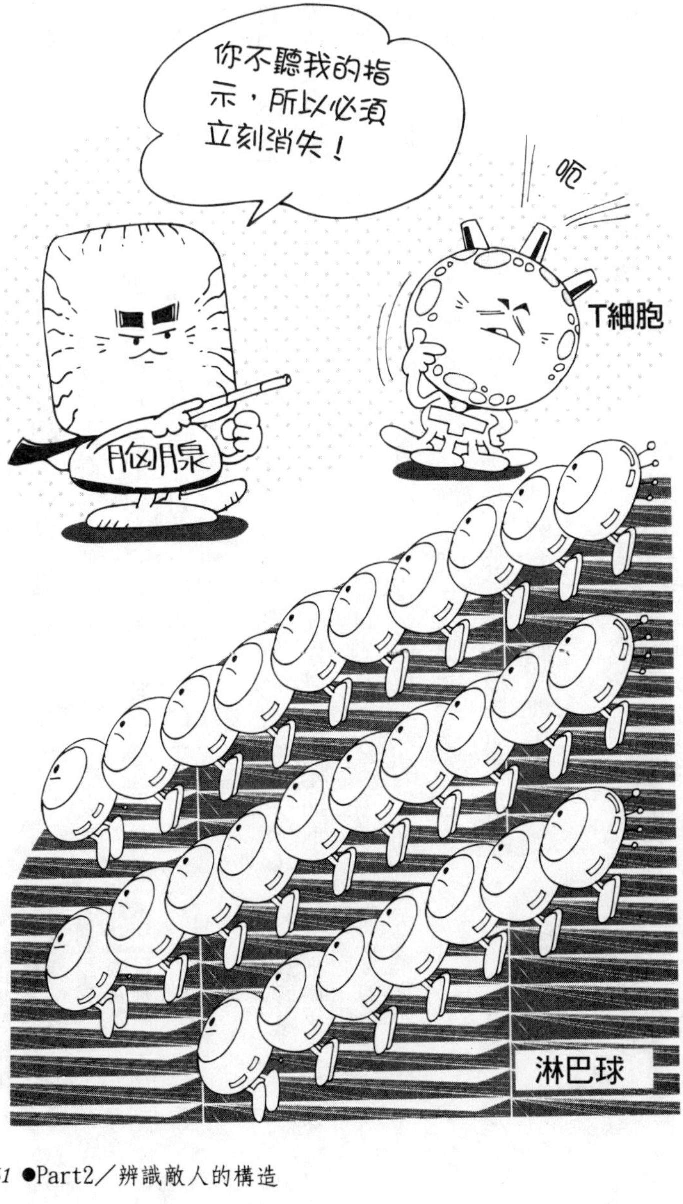

的危險性，所以，也被視爲禁止複製細胞而加以排除。

這些被排除的T細胞會透過自殺的方式自我毀滅（apoptosis）。只有能夠和自己的MHC或自身抗原結合的T細胞，才能成爲特攻隊要員而存活下來。這種T細胞會和異己的MHC或異種抗原產生強烈反應。全部的T細胞中，九五%被排除，只有五%能夠殘存（負的選擇）。

經由胸腺進行嚴格的篩選而接受英才教育的T細胞，會在體內待命，等待來自巨噬細胞等偵察兵的訊息。若一旦敵人入侵，巨噬細胞展開抗原處理、抗原反應之後，只有其T細胞受體能夠與被反應在自己MHC上的抗原相結合的T細胞才會分裂、活化，成爲成熟的T細胞。接著，組成特異的特攻隊攻擊敵人。換言之，胸腺能夠讓造血幹細胞增殖、分化爲幼小的T細胞，再從中排除無能者和危險者，篩選有能力者，進行英才教育，組成特攻隊，是教育T細胞的機構。

⊙發射抗體飛彈的B細胞

另一種特攻隊B細胞，則是當敵人入侵時，會將其分化爲漿細胞（plasma cell），是會發射只會命中入侵敵人的抗體飛彈的細胞，這種

•禁止複製細胞
會和自身抗原產生強烈反應的T細胞複製細胞，被視為禁止複製細胞，在胸腺內加以排除。

•自我毀滅
細胞按照程式設計死亡。細胞受到某種程度的損傷時，設定會自我毀滅。

•漿細胞
形質細胞。當B細胞受到抗原刺激，接受來自輔助T細胞的指令，分化成漿細胞，產生抗體。

T細胞受體的構造

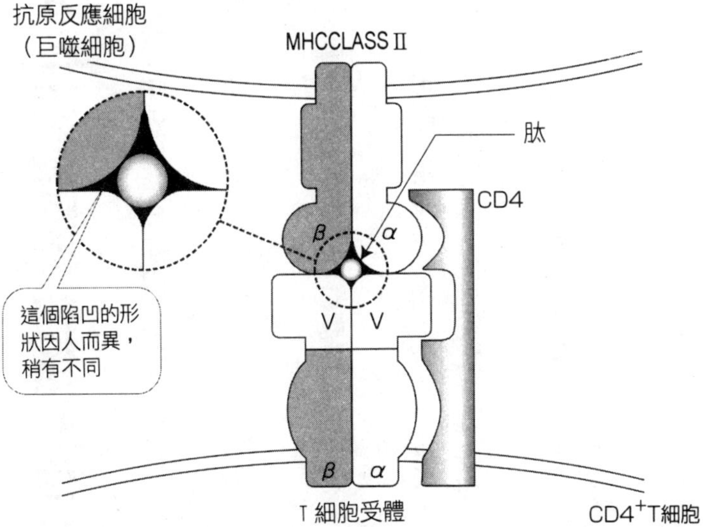

飛彈能夠對抗各種入侵的敵人。

　B細胞表面擁有與發射的飛彈具有相同特異性的天線。在胎兒期和新生兒期，這個天線（飛彈）和T細胞的T**細胞受體**同樣都會與所有的抗原產生反應，其中有的則會和自身抗原結合。

　然而，擁有會和自身抗原等在胎兒期、新生兒期，大量存在的抗原產生反應天線的B細胞，卻因為自殺（自我毀滅）而無法再對自身抗原發射飛彈。

●T細胞受體
↓參考五十二頁

4 阻礙臟器移植的自我認識構造

⊙完美的防禦構造反而阻礙最新醫療

在充斥敵人的環境中，首先要將一切視爲敵人，然後從中排除只會攻擊自己的敵人。這種嚴格的自我認識法，是生物防禦構造保護自己的方法。

不過，隨著近代醫學的發達，這種完美的防禦體制反而成爲一種障礙，阻礙臟器移植療法。

同種臟器移植療法是指，骨髓、皮膚、心臟、肝臟、腎臟、肺等臟器無法恢復功能或呈現衰竭狀態時，藉著移植他人的臟器（同種臟器）來彌補自己臟器的功能。

移植自己臟器的**自身臟器移植**多半沒問題，但若是移植他人或其他動物臟器的同種臟器移植或**異種臟器移植**，則生物會將移植的臟器視爲異物（異己），啓動生物防禦構造加以排除，引起所謂的**排斥反應**，使得移植的臟器不能留在體內。

異種動物的臟器當然會被視爲異物，但爲什麼會排斥同樣是人類

•同種臟器移植療法
人類移植同樣是人類的他人的臟器。

•自身臟器移植
移植自身其他部位的臟器，例如皮膚或骨骼等。

•異種臟器移植
將豬等其他種類動物的臟器移植到人體中。

•排斥反應
移植臟器時，宿主會將移植的臟器視為異物，加以排除。

ID編號不一致會出現排斥反應

就算是人類，只要ID編號不同，就會引起排斥反應

的臟器呢？

這是因爲每個人所有的臟器細胞其主要組織相容性複體（MHC）這種個人認證的ID編號不同所致。

進行臟器移植時，爲避免發生排斥反應，首先必須調查臟器提供者（捐贈者）與患者（接受者）的MHC一致度。一致度越高，手術越容易成功。

選擇捐贈者和接受者時，應該優先考量一致度的問題。

其次，進行臟器移植手術的患者，終生都要投與免疫抑制劑。**免疫抑制劑**能夠抑制排斥反應，當然同時也會抑制生物防御構造自我防衛的功能。因此，患者經常要面臨**感染症**或**惡性腫瘤**的威脅。

⊙同卵雙胞胎完全一致

移植他人的臟器，容易遭遇上述的情況。以自我防禦爲目的生物防禦構造，會將移植的臟器視爲異物而加以排除。沒有任何人的MHC是完全吻合的。MHC一致度較高的捐贈者所移植的臟器，同樣可能會發生排斥反應，必須投與免疫抑制劑才能抑制排斥反應。

不過，雖然同卵雙胞胎是不同的個體，但在遺傳上卻是相同的，

- **免疫抑制劑** 抑制免疫力的藥物。為避免發生排斥反應，移植臟器時要投與免疫抑制劑。
- **感染症** 感染病原菌而引起的疾病。
- **惡性腫瘤** 癌症。

為什麼會出現排斥反應呢？

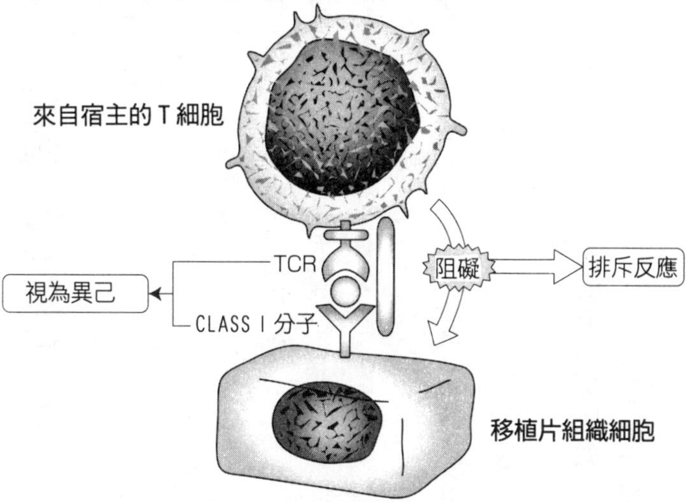

所以臟器的ＩＤ編號（ＭＨＣ）完全一致。

同一對父母生的兄弟姊妹，擁有相同ＭＨＣ的機率為四分之一。

像心臟等只有一個的臟器，當然不可能移植，但是，像骨髓、皮膚、肝臟等能夠取出一部分，再生力較強的臟器，或是像腎臟等有二個的臟器，就可以對同卵雙胞胎或ＭＨＣ一致的兄弟姊妹進行生物臟器移植。

5 移植臟器的反擊

⊙移植片VS宿主的戰爭

接受者（希望移植臟器的患者）的生物防禦構造，會將移植的臟器視爲異物，展開攻擊，引發排斥反應。被移植的臟器片中，還有很多捐贈者的淋巴球等免疫系細胞。

對於接受者的身體而言，捐贈者的淋巴球是異物，當然會展開強力的攻擊。這就是ＧＶＨ（Graft vs Host：移植片對宿主）反應。

顧名思義，就是移植片對宿主的戰爭。移植臟器片中的淋巴球，就像被釋放到充滿敵人的陣營中，當然會拚死抵抗。

移植片中的淋巴球被宿主的細胞和蛋白等視爲異物，遭到攻擊。

⊙移植片中的淋巴球會損害其他的臟器

敵人的精銳部隊大舉入侵，展開總攻擊，對宿主一方造成極大的負擔。

敵人的軍隊是經過特別訓練的特攻隊，在自己的體內展開戰鬥，

•ＧＶＨ反應
移植臟器中的免疫細胞被宿主的臟器視為異物，遭受攻擊而引發的疾病。

引發GHV反應的構造

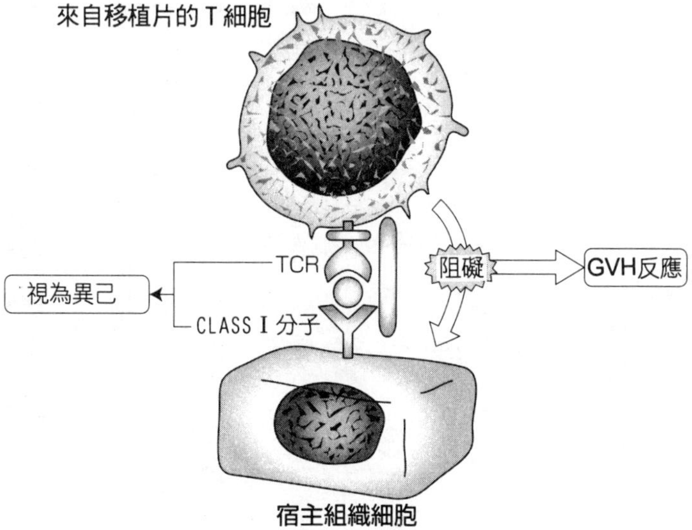

使得移植片產生強烈的排斥反應。

此外，敵人隨著宿主的血液循環到達了體內，會危害其他臟器。移植大型臟器時，GVH反應更爲強烈，可能會危及生命。

6 複製人是自己嗎？

⊙臟器移植的絕對條件是ＭＨＣ完全一致

進行臟器移植時，主要組織相容性複體（ＭＨＣ）必須一致。移植ＭＨＣ不吻合的臟器，會引起排斥反應或ＧＶＨ反應，甚至導致患者死亡。

希望移植臟器的患者（接受者），一定得等到ＭＨＣ一致的臟器提供者（捐贈者）出現，否則就會喪失生命。

由於與別人的ＭＨＣ幾乎不可能完全一致，所以，動完移植手術後，患者必須終生使用免疫抑制劑。

除了**判定腦死**等倫理層面的問題之外，ＭＨＣ的問題是臟器移植所面臨的最大問題。

⊙製造出ＭＨＣ一致的人類體細胞複製人

普通的兄弟姊妹，ＭＨＣ完全一致的機率為四分之一。若是同卵雙胞胎，則吻合的機率是一〇〇％。最近，**生化科技**有飛躍的進步，

●**排斥反應**
↓參考六四頁。

●**ＧＶＨ反應**
↓參考六八頁。

●**判定腦死**
即使心臟跳動，但是腦幹部卻處於無法復原的狀態。腦功能停止的情況，就稱為腦死。腦死的判定是根據腦死判定標準嚴加執行。

●**生化科技**
生物工學。是指基因重組、細胞融合、胚操作技術等，與生物有關的學問及技術。

真的有與自己相同 ID 編號的人嗎？

同卵雙胞胎

複製人

能夠以人工方式製造出MHC完全一致的人類，亦即**體細胞複製人**。

所謂**複製動物製作技術**，就是從卵子、受精卵或ES**細胞**等發生初期的**胚性幹細胞**中取出核，植入其他的受精卵或體細胞的核內進行胚操作，利用電氣刺激等促進卵裂後，回到代理孕母的子宮內，使其懷孕、生產的技術。移入受精卵核的方法，稱爲受精卵複製動物製作技術。移入體細胞核的方法，則稱爲體細胞複製動物製作技術。

前者是核的提供者，即父母的形質分別承襲一半的複製動物。後者則是與提供體細胞的個體擁有完全相同基因的複製動物。換言之，前者的基因與兄弟姊妹相同，後者卻能製造出無數個和父親或母親擁有相同基因的個體。

數年前，以體細胞複製動物，成功複製羊的消息震驚世界，後來陸續出現成功複製牛或猴子的例子。即使如此，利用體細胞複製人類的技術，還是相當困難。

⊙倫理問題與「限制複製法」

但是，體細胞複製人潛藏著倫理層面的問題，目前仍有許多國家禁止複製人類或討論禁止複製的相關法令。預先保留自己的臟器來製

●體細胞複製人

將構成身體的細胞的核導入去核的卵子、受精卵、ES細胞中，促進卵裂之後，放回子宮內，使其懷孕生產。因此而生下的人，就是體細胞複製人。這種複製人擁有和體細胞提供者相同的基因。

●複製動物製作技術

將生殖細胞、體細胞的核導入去核的卵子、受精卵、ES細胞中，促進卵裂之後，放回子宮內，使其懷孕生產。利用這種技術，以增加與該提供個體擁有相同基因的個體。目前已經應用在羊、牛等家畜上。

複製人也是活人

複製人
我也是活生生的人啊，怎麼可以把我當成生病時的備用品呢……

就倫理面來說，當然禁止使用活人的臟器，所以各國目前正在商議制定「限制複製法」。

作複製人，可能會引發倫理問題。

體細胞複製人的基因與自己完全相同，MHC也一〇〇%相同，根本就是自己。

只要多做幾個體細胞複製人，那麼，當自己需要移植臟器時，複製人就可以提供臟器。

然而，複製人也是活人，當然不會允許這種事情。因此，許多國家都商議訂定「**限制複製法**」以禁止研究複製人。

●**ES細胞**
Embryonic Stem Cell。取出發生初期的胎盤泡的內部細胞塊的細胞，即ES細胞。這是具有分化成所有細胞能力的萬能細胞。希望未來能夠應用在複製動物和再生醫療上。

●**胚性幹細胞**
受精卵或ES細胞等，存在於生殖、發生期的幹細胞。

●**限制複製法**
禁止研究複製人類的胚或製作複製人的法律，以避免出現複製人。日本和歐洲各國已經制定相關法令，而美國國會則尚在審議中。

7 自身免疫疾病是把球踢進自家球門

⊙體內的監視部隊會攻擊自己的細胞嗎？

現在被視爲難治疾病的疾病，多半是**自身免疫疾病**。亦即原本經由認識自己而不會受到來自自身免疫系統攻擊的自己的細胞或組織、臟器，卻受到攻擊而引起的疾病。自身免疫疾病，沒有可以根治的療法，而且爲什麼自己的細胞或組織會遭到攻擊，發病的原因尚不得而知。結果導致許多自身免疫疾病變成難治疾病。

胸腺會嚴格挑選出對自己產生反應的T細胞成爲**禁止複製細胞**，將其去除，對於自己的抗原會產生反應的B細胞也同樣必須排除。自身免疫疾病通常是因爲感染或壓力等，導致體內功能紊亂，無法正常進行這種篩選工作而引起的。

換言之，原因可能在於免疫系統的**亢進**。

不過，最近卻發現自身免疫疾病患者反而出現T細胞或B細胞減少的免疫抑制狀態，這是免疫系統亢進說所無法解釋的現象。生物除了必須接受胸腺嚴格挑選T細胞或B細胞之外，還擁有**胸腺外T細胞**

●自身免疫疾病　免疫細胞對於原本不該產生反應的自身細胞或組織產生反應並加以攻擊而引起的疾病。

●禁止複製細胞　↓參考六十頁。

●亢進　增高、變強。

●胸腺外T細胞　沒有接受胸腺教育的T細胞。

守備要塞遭到攻擊嗎？

原本應該要保護自己的守備要塞免疫，反而攻擊應該要保護的細胞，這種疾病稱為「自身免疫疾病」。目前像這類原因不明的疾病有很多。

和產生自身抗體的B細胞等的內部監視部隊。而壓力等因素，可能會使原有的免疫系統受到抑制，導致微妙的平衡瓦解，內部監視部隊甚至異常活化，開始攻擊自身的細胞或組織。

自己的球門竟然遭到同伴攻擊，就像足球球員誤將球踢進自家的球門一樣，生物對於這種現象根本是防不勝防。

⊙採取預防感染症或壓力的對策！

自身免疫疾病除了有**橋本甲狀腺炎**、**突眼性甲狀腺腫病**、**惡性貧血**、**胰島素依賴型糖尿病**、**重症肌無力症**等器官特異的疾病之外，還包括**全身性紅斑狼瘡**（SLE）、**慢性關節風濕**、**膠原病**等全身性的疾病。對於身體內部監視部隊異常活化而誤將球踢進自家球門的錯誤現象，目前還無法得知原因。即使是再優秀的守門員，也很難防止自己的球員將球踢進自家球門。因此，詳細研究發病的構造，才能治療自身免疫疾病。

事實上，在敵人已經攻到球門附近，防守陣營快要瓦解之前，才會發生球員將球踢進自家球門的情況，所以，只要避免感染症或壓力蓄積，防止免疫系統瓦解，就可以預防自身免疫疾病。

- **產生自身抗體的B細胞**
  生成自身的蛋白或對付細胞、組織的抗體的B細胞，是形成自身免疫疾病的原因。
- **橋本甲狀腺炎**
  自身的抗體攻擊自身的甲狀腺，使得甲狀腺激素不足而引起的自身免疫疾病。
- **突眼性甲狀腺腫病**
  自身的抗體攻擊自身的甲狀腺，引發甲狀腺功能亢進的自身免疫疾病。
- **惡性貧血**
  自身的抗體破壞自身的紅血球而引起的貧血症。

壓力成為引起疾病的關鍵！

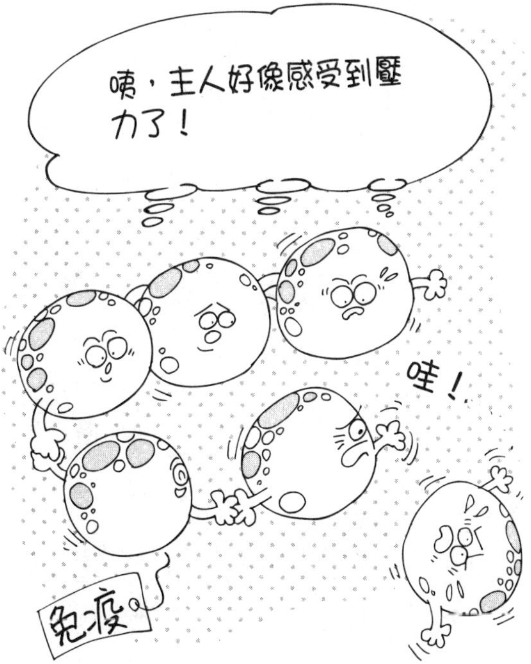

壓力導致免疫的微妙平衡瓦解，要特別注意！

•胰島素依賴型糖尿病

對於投與的胰島素產生反應而降低血糖值型的糖尿病。

•重症肌無力症

自身的抗體導致乙醯膽鹼受體遭到攻擊而引起的自身免疫疾病。

•全身性紅斑狼瘡

對於自身DNA的許多自身核物質，產生自身抗體而引起的全身性自身免疫疾病。

•慢性關節風濕

亢進的免疫細胞破壞關節軟骨、骨骼等的自身免疫疾病。

•膠原病

對於結締組織生成自身抗體，所引起的自身免疫疾病的總稱，包括慢性關節風濕、全身性紅斑狼瘡和僵皮症等。

8 過敏是過度防衛

⊙過敏反應的種類

現代許多人對花粉、食物、藥物、**塵蟎**、化學物質等過敏而苦惱不已。這和原本不應該攻擊自己卻自我攻擊的自身免疫疾病不同，對生物防禦構造而言，花粉、食物、藥物、塵蟎、化學物質等是異物，當然會遭到攻擊。不過，若是反應過度，就會使身體產生不適症狀。這種過度防衛反應，稱爲**過敏反應**。

包括在異物入侵後的數分鐘至八小時內會出現的即時型，以及經過二十四小時才發生的延遲型過敏反應。前者與抗體有關，後者則與T細胞有關。

•塵蟎　室內的灰塵、蟎及其排泄物等，都會引發過敏。

•過敏反應　IgE抗體所引起的異狀過敏症。

⊙即時型過敏與延遲型過敏

即時型過敏分爲I～Ⅲ型。

I型過敏是對付抗原（過敏原）的IgE類的抗體所造成的。一般所說的過敏，就是指I型過敏。

Ⅰ型過敏的構造

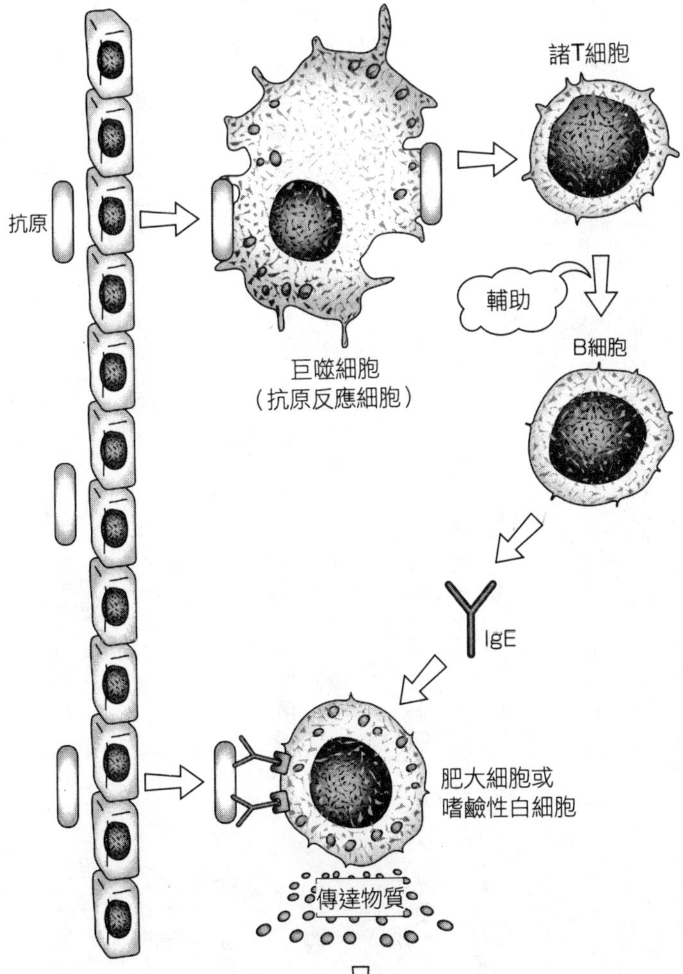

臨床症狀

濕疹／氣喘／過敏反應／枯草熱

Ⅱ型是，抗體攻擊自己的紅血球等所造成的。

Ⅲ型則是，曝露在大量抗原中，即大量的**抗體抗原複合物**循環全身所造成的發炎症狀。

另外，**延遲型過敏**又稱爲Ⅳ型過敏。

⊙抗體與過敏

第三章會詳細介紹抗體，簡言之，就是B細胞製造出來的飛彈。這種飛彈能夠正確的辨識個別的敵人（靶）並準確的命中敵人，與敵人結合（稱爲特異性）。

抗體可以分爲IgM、IgG、IgA、IgD、IgE等各種類（類別）。與特異性不同，擁有各種飛彈。異物（抗原）入侵時，會對抗原產生特異的抗體。最初是IgM類抗體，其次是IgG類的抗體，與異物（抗原）結合，將其排除。

然而，有的人會對某種抗原產生IgE類的抗體。IgE抗體會和具有IgE-F受體的**肥大細胞**或**嗜鹼性白細胞**結合。與抗原（在此是指過敏原）結合的IgE抗體，及與其結合的肥大細胞或嗜鹼性白細胞會引起**去粒**（degranulation）現象，釋出**組胺**（histamine）、無

•抗體抗原複合物

抗原與抗體的結合物。尤其是以IgM抗體為主的抗原所製造出的複合物會形成巨大分子，阻塞腎臟，造成沈著，引發腎炎。

•延遲型過敏

抗原致敏經過二十四～四十八小時後由T細胞所引起的過敏症。

•肥大細胞

即mast cell。含有組胺或無色三烯等顆粒，廣泛分布於黏膜或結締組織的大型細胞。與IgE抗體結合時，會出現去粒現象，引起過敏反應。

Ⅱ、Ⅲ、Ⅳ型過敏的構造

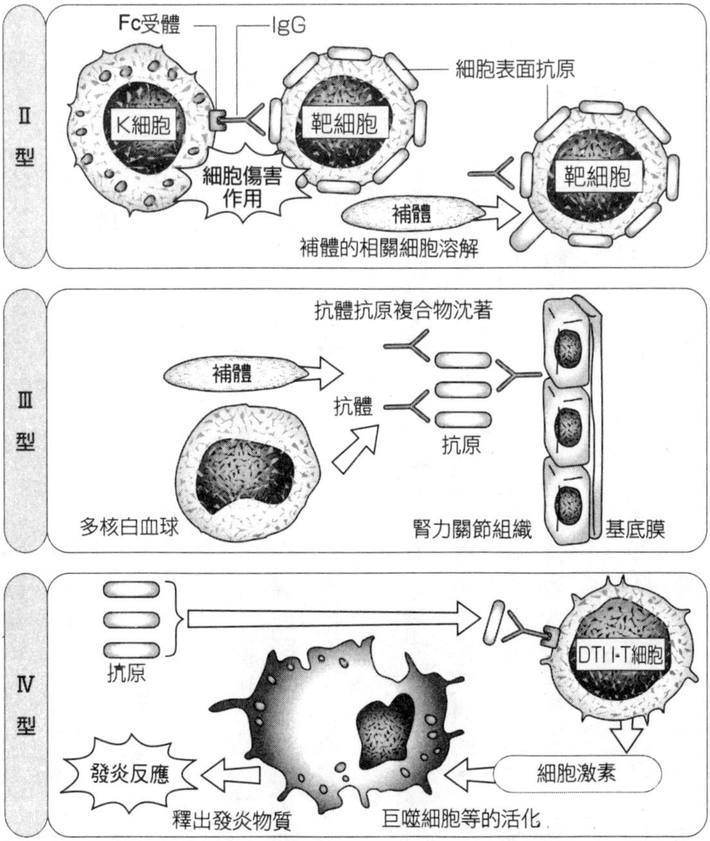

●嗜鹼性白細胞

多形核白血球，是一種粒細胞。藉由去粒現象而引起發炎症狀。

●去粒

細胞釋出含有發炎性物質等的顆粒。

●組胺

存在於肥大細胞或粒細胞的顆粒中的血管作動性胺，藉由去粒而釋出時，會形成引起過敏性發炎症狀的原因物質。

●無色三烯

與組胺同樣的，是存在於肥大細胞或粒細胞中的血管作動性物質。藉由去粒而釋出時，會形成引起過敏性發炎症狀的原因物質之一。

色三烯、前列腺素（prostaglandin）等發炎症狀物質。組胺等物質會使血管擴張、穿透性亢進、肌肉收縮等，導致局部紅腫發癢，亦即出現發炎症狀，這就是過敏。

⊙花粉症也是一種過敏（I型過敏）

花粉症是指，杉木或扁柏等的花粉附著於鼻子、喉嚨、眼睛等的黏膜上，引起I型過敏反應而產生的症狀。食物過敏則是過敏原由消化管吸收後循環全身，引起I型過敏反應，導致消化器官或皮膚等出現全身性的過敏症狀。

另外，呼吸吸入塵蟎等**過敏原**時，會產生IgE抗體，支氣管出現過敏反應，使得呼吸道過敏，產生各種過敏反應，造成**氣喘**。

罹患過敏的人，一旦相同的過敏原再度入侵，嚴重時則會引發強烈的休克症狀，稱爲**過敏性休克**，像**盤尼西林休克**或**蜂毒休克**就是代表性的過敏性休克反應。

花粉症的發症，可能與一生到底曝露在多少量的抗原的**界限值**有關。界限值因人而異，有時身體只是單純的將其當成異物（抗原）處理，有時則會當成過敏原而促進IgE抗體的生成，引起過敏反應。

•前列腺素　只需極微量就具有各種細胞功能的生理活性物質，與無色三烯同樣的，是引起過敏性發炎症狀的原因物質之一。

•發炎症狀　局部血流增加，血管滲透性增大，白血球或巨噬細胞游走其間，導致局部出現發紅、腫脹、發燙、發癢等症狀。

•過敏原　在抗原中，尤其容易引起過敏反應的物質。

•氣喘　過敏等因素造成的呼吸道過敏症。一旦發作，會出現呼吸困難的症狀。

目前尙無法完全掌握過敏的構造。

今後隨著基因組研究和SNPs解析的進步，應該就可以了解造成個人差的原因。

⊙治療過敏的方法

目前，治療過敏的方法是抑制肥大細胞或嗜鹼性白細胞產生組胺或無色三烯等物質，亦即投與能夠抑制其作用的藥物（抗組胺劑或無色三烯拮抗劑）或有效抑制發炎作用的**類固醇激素**等。此外，罹患氣喘時，會使用黃嘌呤類製劑等以擴張收縮的支氣管。同時，也會採用持續投與大量過敏原以抑制過敏原應答性的脫敏療法。

只要基因組科學發現原因基因，就能夠以此爲目標，研發新的根本治療法。

⊙Ⅱ型過敏

Ⅱ型過敏，是自身的抗體破壞紅血球而引起嚴重的貧血所致。另外，紅血球與投與體內的某種藥劑結合，也可能會引起Ⅱ型過敏。

●過敏性休克

殘存第一次過敏的記憶，所以同樣的過敏原造成第二次過敏反應時，會產生更強烈的過敏反應而引起休克，嚴重時會致死。

●盤尼西林休克

抗生素盤尼西林中所含的不純物引起的過敏性休克。若二度投與盤尼西林時，則會出現休克現象，嚴重時會致死。

●蜂毒休克

蜂毒所引起的過敏性休克。

●界限值

過敏原等引起過敏反應時，如果過敏原的量在一定的值之內，就不會出現過敏症狀。這種定量就稱為界限值。

⊙Ⅲ型過敏

Ⅲ型過敏是大量的抗體抗原複合物蓄積在關節或腎臟等，導致該部位出現嚴重的發炎症狀所致。昔日會使用因白喉菌而產生敏感反應的牛的血清（抗血清）來治療**白喉**。對人體而言，牛的血清是異物，利用牛的抗血清進行治療的人，身體會對牛的血清成分產生抗體。投與幾次牛的抗血清，會生成大量的抗體抗原複合物，沈著於關節或腎臟，引發嚴重的疾病。

像這種因爲大量抗體抗原複合物而引發的疾病，稱爲**亞爾薩斯過敏症**。若是演變成全身性的疾病，則稱爲**血清病**。

⊙Ⅳ型過敏

Ⅳ型過敏，是指抗原致敏後經過二十四小時以上出現過敏症狀，又稱爲延遲型過敏症（DTH）。Ⅰ～Ⅲ型過敏與抗體有關，Ⅳ型過敏則和DTH-T細胞有關。由於T細胞活化需要時間，所以，Ⅳ型過敏屬於延遲型。

活化的T細胞會釋出各種**淋巴激素**（lymphokines），動員巨噬細胞或粒細胞，促使其活化。活化的巨噬細胞或粒細胞則會釋出各種細

•SNPs解析

一個鹼基多型解析。在基因組DNA上，約有一千個鹼基（文字）。就個人而言，人類約有三百萬個鹼基的差距。這種差距是造成人種差或個人差的原因。只要進行解析，就可以知道是否容易罹患疾病、藥物的有效性及副作用等。

•類固醇激素

具有荷爾蒙作用而擁有4環構造的化合物的總稱。具代表性的是腎上腺皮質激素等，能夠有效的發揮抗炎作用。

•白喉

白喉菌所引起的傳染病。

•亞爾薩斯過敏症

抗體抗原複合物所引起而會出現急性發炎症狀的過敏症。

胞激素（cytokinines），引起發炎。

結核菌素反應就是代表性的延遲型過敏症（DTH）。將少量結核菌精製的蛋白（PPD）注射到皮下時，則曾經感染過結核菌的人因爲擁有記憶，使得DTH-T細胞活化，引起延遲型過敏症（DTH）。二十四小時後，注射結核菌素的部位會出現發炎症狀，皮膚紅腫。二十四小時~四十八小時後，可以測量腫脹的大小，判定是否擁有結核菌的免疫記憶。

其他代表性的Ⅳ型過敏反應，則是像遇到金屬、漆、藥劑、橡膠等的**接觸過敏**。金屬、漆、藥劑、橡膠等的成分被皮膚吸收，與自身的蛋白結合，形成過敏原，使得DTH-T細胞活化，就會引起延遲型過敏症（DTH）。

總之，過敏反應是爲了保護自己的生物防禦構造，過度要求排除異物而導致過度防衛的結果。

• 血清病

Ⅲ型過敏。治療白喉或破傷風而注射大量牛的抗血清到體內時，對牛血清產生抗體。反覆投與會引起血清病。

• 淋巴激素

由細胞製造出來的生理活性物質（機能性蛋白）。具有生產淋巴球作用的細胞分裂素，稱為淋巴激素。

• 結核菌素反應

注射精製的結核菌蛋白到皮下，觀察是否對結核菌有免疫作用的檢查。是代表性的延遲型過敏反應。

• 接觸過敏

過敏原接觸皮膚而引起的過敏。

9 允許異己生存的唯一例外：懷孕

⊙胎兒被視為巨大移植片嗎？

胎兒承襲一半來自母親、一半來自父親的基因。對母體而言胎兒是他人，就免疫學來說是異己。換言之，胎兒是母體主要組織相容性複體（ＭＨＣ）不一致的巨大移植片。既然如此，爲什麼母體對胎兒不會產生排斥反應呢？

母體與胎兒透過母體的子宮和胎兒的胎盤互相連接。胎盤有母體的Ｔ細胞和Ｂ細胞等免疫系的細胞流入循環，所以，來自母親的免疫系細胞，應該會將來自胎兒的胎盤視爲異己而加以攻擊排除。

然而，實際上，在懷孕期間內，胎盤並未受到來自母體的攻擊，胎兒在十個月反而能夠安全的在胎盤內穩定成長，這是因爲胎盤細胞並未表現出ＭＨＣ的緣故。

幾乎所有的細胞，其表面都有認識自己、表現出ＭＨＣ的ＩＤ編號，但是，胎盤細胞卻沒有。由於沒有表現出ＭＨＣ，所以，不會被母體的淋巴球特攻隊視爲異己而加以攻擊。

癌細胞是否模仿母體特殊的機制呢？

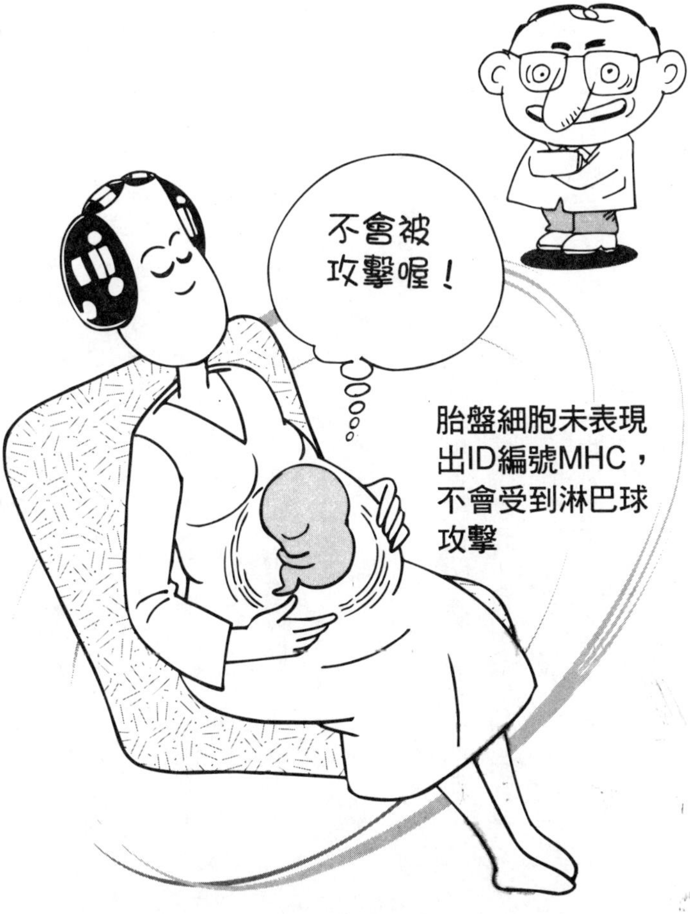

癌細胞會模仿懷孕時的特殊機制而潛藏在生物內。藉著讓ID編號消失或變裝，逃離生物檢查構造的監視。

不過，非特異的胸腺外T細胞或自身抗體等，可能會展開攻擊。因此，母體的子宮與胎兒的胎盤連接處的子宮上皮細胞和絨毛上皮細胞，會生產具有抑制免疫作用的TGF-β、IL-4、IL-10等細胞激素，能夠抑制懷孕局部的免疫力。

生物藉著這種特殊機制，讓胎兒這個巨大的移植片在母體內安全的待十個月。

懷孕十個月後，特殊機制解除，身體將胎兒視為移植片才會引起生產，但是，科學尚無法證明這種說法。

⊙由生物防禦構造看懷孕現象

一旦特殊機制的平衡瓦解，就會出現各種懷孕異常現象。例如，母體的免疫力過低，移植片胎盤開始入侵母體時，會引發葡萄胎與絨毛上皮癌。

反之，免疫力過強時，母體會排斥胎兒而造成流產。

就生物防禦構造來看，懷孕這種冒險的行為是極特別的情況，是在絕佳的平衡上成立的。

癌細胞就是模仿懷孕時的特殊機制，暫時逃避生物防禦構造的網

- **子宮上皮細胞** 子宮壁表面的細胞。
- **絨毛上皮細胞** 胎盤壁表面的細胞，為胎兒與母體的接觸點。
- **脫分化** 即成熟的機能細胞恢復為未分化的細胞。

眼，附著於生物內。亦即癌細胞藉著**脫分化**（dedifferentiation）而變成MHC或消失，或是自己分泌抑制免疫的細胞激素，避開生物防禦構造的監視而存活下去。

監視敵人的常備軍
最強的初動部隊巨噬細胞
在最前線攻擊並擊滅入侵者的粒細胞
攻擊內部反叛者的自然殺手細胞
既古且新的淋巴球：NKT細胞
視敵人種類而進行防禦、攻擊的特攻隊：淋巴球
生產、發射飛彈的B細胞
攻擊用飛彈：抗體的種類與構造
神奇抗體的多樣性秘密
抗體如何攻擊敵人呢？
大量生產飛彈技術的融合瘤法與單株抗體
控制投入部隊的司令塔：輔助T細胞
接受特殊教育格殺勿論的最強大軍團：殺手T細胞
細胞激素是傳遞訊息的手段
「病由心生」這句話有科學根據！

Part 3

與生物防禦有關最強的軍備

1 監視敵人的常備軍

⊙體表是與敵軍之間的國界

爲了保護身體免於遭受敵人的攻擊，生物會展開所有的防衛網。敵我的國界是體表，由如城牆般厚的角質化表皮所覆蓋。體表保持弱酸性，可以防止敵人入侵。

皮膚配置了強大的防衛者，即巨噬細胞中的**樹狀細胞**，能夠捕獲（吞噬）入侵者和可疑物（異物）。

與表皮相比，眼、鼻、呼吸道及其他黏膜的物理性較弱，所以受到**溶菌酵素**、**溶菌酶**等化學性的保護。例如，鼻腔或呼吸道，會利用如鐵絲網般分布的毛或纖毛等防止敵人入侵。黏膜液中則具有攻擊飛彈**IgA抗體**等。

⊙免疫細胞會攻擊突破城牆的敵人！

血液或是淋巴液中的免疫細胞，會攻擊突破體表城牆的敵人。首先，巨噬細胞發現異物，將其捕獲、吞噬。而巨噬細胞或皮膚的樹狀

- **樹狀細胞** 一種巨噬細胞。分布於全身，具有強大的抗原反應力，負責免疫監視構造的主要任務。
- **溶菌酵素** 溶解細菌或細胞的細胞膜的酵素。
- **溶菌酶** 溶菌酵素。
- **IgA抗體** 一種抗體，具有二聚體構造，分泌於黏液中，預防邊界敵人侵入。

生物防禦軍的總軍備

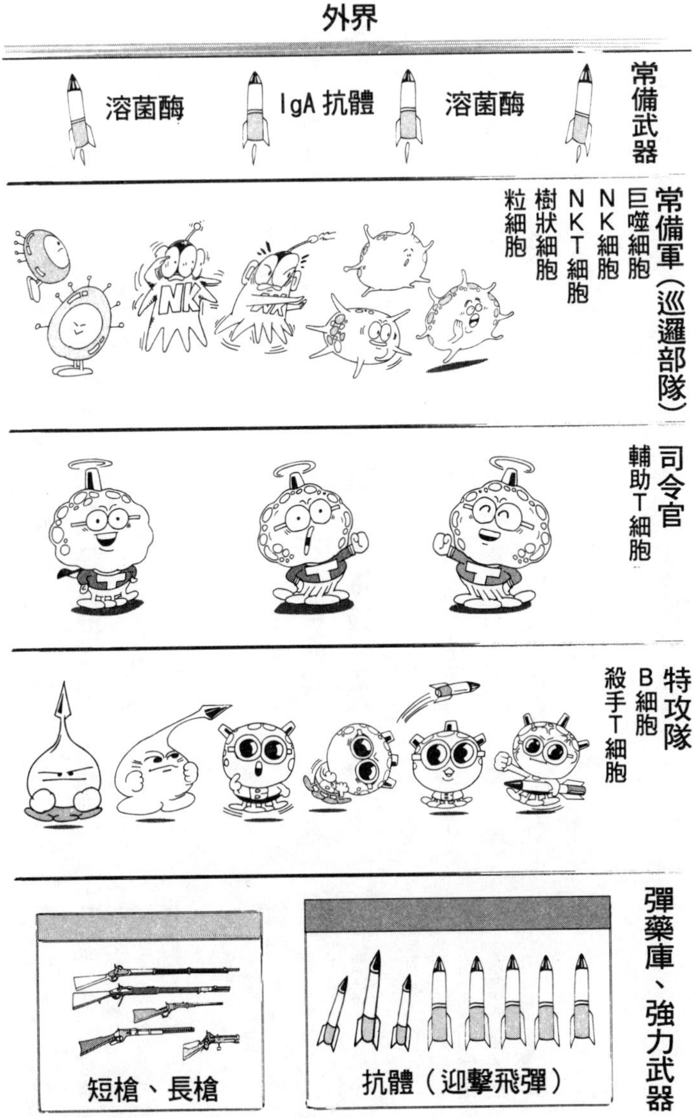
外界
常備武器
溶菌酶
IgA 抗體
溶菌酶
常備軍（巡邏部隊）
巨噬細胞
NK細胞
NKT細胞
樹狀細胞
粒細胞
NK
司令官
輔助T細胞
T
特攻隊
B細胞
殺手T細胞
彈藥庫、強力武器
短槍、長槍
抗體（迎擊飛彈）

細胞在捕噬的同時，會提供T細胞敵方的訊息（抗原反應）。接到訊息的T細胞，會動員、組編能夠以特異方式擊退敵人的特攻隊，例如嗜中性白細胞、嗜鹼性白細胞、嗜酸性白細胞等粒細胞和巨噬細胞，會監視敵人的入侵。除了吞噬異物之外，粒細胞還能藉由去粒釋出溶菌酶等攻擊細菌。

⊙自然免疫與後天免疫互助合作

不只是來自外界的入侵者，自然殺手細胞（NK細胞）也會監視癌細胞等內部反叛者或恐怖份子。一旦發現內部反叛者或恐怖份子，就會發射穿孔素（perforin）等的殺傷蛋白加以攻擊。同時還會分泌各種細胞激素，督促組編特攻隊。不只是監視內部反叛者和恐怖份子，NK細胞還負責監視病毒感染，促進分泌抗病毒物質干擾素，避免感染病毒。最近發現由肝臟或腸管製造、具有介於NK細胞與T細胞中間作用的NKT細胞，這種細胞可能和NK細胞同樣的與內部監視構造有關。

不只是辨識並攻擊特定的敵人，皮膚的樹狀細胞、體內的巨噬細胞、粒細胞、NK細胞等，還會辨識各種異物，加以擊退，是生物原

●抗原反應　巨噬細胞等會吞噬、消化抗原，消化酶表現在自身細胞表面的MHC上，提示輔助T細胞等關於異物的訊息。

●去粒　肥大細胞或粒細胞等與IgE抗體結合，藉著抗原形成架橋時，就會釋出細胞中的顆粒。

●穿孔素　殺手T細胞或NK細胞發射的殺傷蛋白，會鑽入敵人的細胞膜中，將其擊滅。

自然免疫與後天免疫

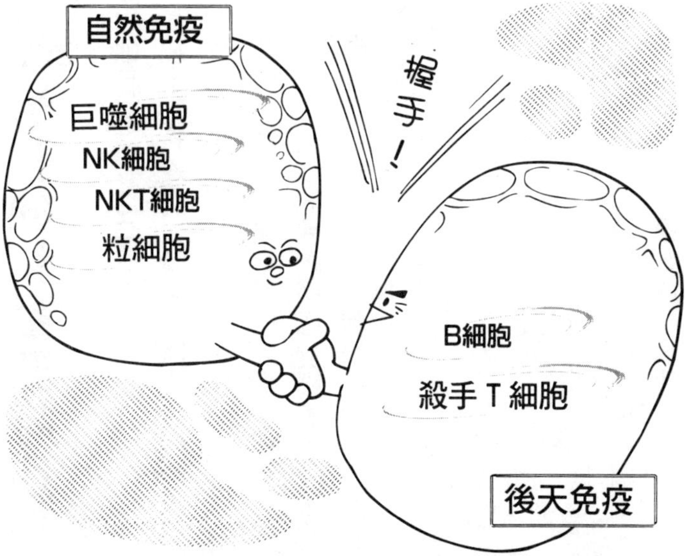

本就具有的常備軍，總稱爲自然免疫。自然免疫在負責生物邊際防禦的同時，還兼具爲特攻隊**後天免疫始動**發出訊息的重要任務。

生物防禦構造，藉著自然免疫這種非特異的監視構造，以及特異的強大攻擊部隊後天免疫的絕妙平衡，攜手合作，保護身體免於各種敵人的侵襲。

●干擾素

感染病毒時，NK細胞等所產生的蛋白性生理活性物質，具有抑制病毒增殖及抗癌等作用。

●後天免疫始動

巨噬細胞或NK細胞等，負責監視異物入侵的自然免疫細胞。一旦發現異物侵入時，就會吞噬、消化異物，同時將敵人的訊息提供給輔助T細胞（抗原反應），T動員B細胞或殺手T細胞等負責後天免疫的部隊。

2 最強的初動部隊巨噬細胞

⊙巨噬細胞是偵察兵嗎？

巨噬細胞是擁有如**阿米巴原蟲**般形態的原始免疫細胞，能夠察覺敵人的行動，經常配備在體內。因配備位置的不同，形狀和名稱也有所不同，包括廣泛分布於體內的樹狀細胞、皮膚的**朗格爾漢斯細胞**（星型細胞）、腦中的**微神經膠質細胞**及肝臟的**庫帕細胞**等。

巨噬細胞不具有如T細胞的自我辨識力，但是會捕食任何異物，稱為吞噬力。

既然沒有辨識自我的能力，為什麼能夠辨識異物呢？之前說過，「巨噬細胞什麼都吃」，但就是不吃自己的細胞。例如，不吃自己的紅血球，但卻會吃死亡的紅血球。

巨噬細胞如何辨識異物？最近這個問題已經得到答案。巨噬細胞是能夠保護身體免於感染症的原始免疫細胞。對巨噬細胞而言，最大的敵人（異物）是身邊飄浮的細菌。巨噬細胞只能藉著細菌，即和細菌共通的**類似 Toll 受體**（Toll-like Receptor）的**脂多糖體**（LPS）來

●**阿米巴原蟲**
形態不特定的原生動物，會伸出偽足變形移動，專門捕食細菌等。

●**朗格爾漢斯細胞**
胰臟的朗格爾漢斯島（胰島）的島狀組織細胞，會分泌胰島素。

●**微神經膠質細胞**
腦中類似巨噬細胞的細胞。

●**庫帕細胞**
肝臟中類似巨噬細胞的細胞。

辨識細菌。

換言之，巨噬細胞並非像T細胞藉著MHC分子嚴格的辨識自己或異己，而是專門吞噬與敵人容貌相同或容貌極爲怪異的異物。

巨噬細胞就像負責生物防禦構造初動的偵察兵，經常逮捕可疑者並加以盤查，避免任何敵人入侵。根據最近的研究發現，巨噬細胞具有許多類似Toll受體，可以和各種LPS或細菌進行特有的DNA結合。

⊙首要任務是發現敵人

巨噬細胞的首要任務是發現敵人，其殺傷敵人的能力不如特攻隊B細胞和T細胞，而是吞噬敵人，利用消化酶等將其分解。當然，這樣無法殲滅所有的敵人。

吞噬的能力有其界限，一旦打破界限，自己就會破裂死亡，殘骸化膿，而像結核菌等還可以殘存在巨噬細胞中。

不過，巨噬細胞具有將逮捕敵人的相關訊息正確傳遞給T細胞的作用。巨噬細胞利用消化酶等將捕食的細菌等異物分解爲九個氨基酸的肽，然後再將被分解的敵人的肽，夾入自己細胞表面的CLASSⅡ主

• 脂多糖體

即LPS。脂多糖。來自細菌細胞壁的物質，是B細胞的分裂促進因子。

• 類似Toll受體

Toll-like Receptor。Toll是在果蠅體內發現的辨識真菌的受體，最近發現巨噬細胞也有類似Toll的受體，即巨噬細胞的辨識異物受體。

要組織相容性複體（ＭＨＣ）的溝內，反應給輔助Ｔ細胞。

輔助Ｔ細胞接收到自身細胞表面Ｔ細胞受體的訊息後，就可以掌握敵人的能力，分裂各種淋巴激素，對Ｂ細胞和Ｔ細胞等特攻隊下達攻擊命令。

此外，巨噬細胞本身也會分泌ＩＬ－１等細胞激素，援助特攻隊的出擊。

⊙傳遞入侵者的訊息給輔助T細胞

身為防衛者的巨噬細胞，應該儘早掌握細菌等異物入侵的訊息，將其傳遞給生物防禦軍的綜合司令總部輔助Ｔ細胞。輔助Ｔ細胞會詳細分析所接收到的訊息，再分泌淋巴激素等，下令要Ｂ細胞或殺手Ｔ細胞等特攻隊發動攻擊。接到出擊命令的Ｂ細胞或殺手Ｔ細胞，會配合入侵敵人的種類而組編特攻隊，趕到現場待命。稍後將會介紹特攻隊編成的機制。

組編攻擊敵人的特攻隊約需費時一～二週。若是面對曾經入侵的敵人，則可以根據之前的記錄（記憶），立刻組編特攻隊展開迎擊。

巨噬細胞

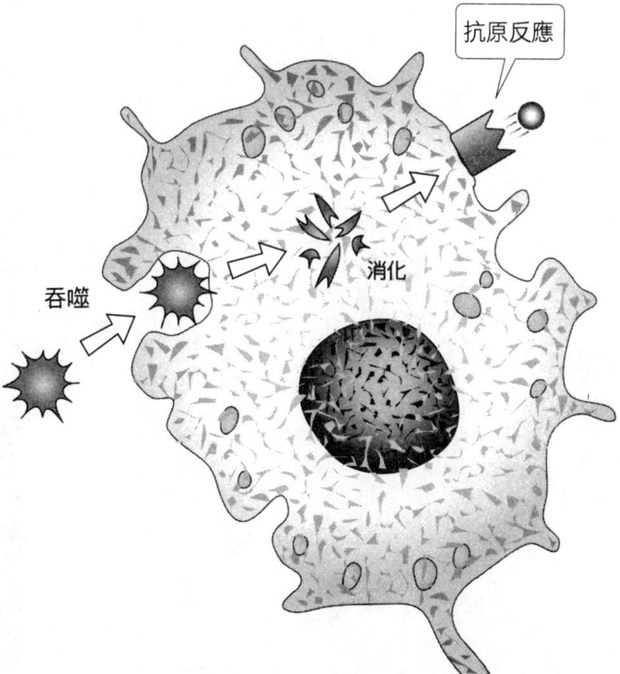

3 在最前線攻擊並擊滅入侵者的粒細胞

⊙膿主要是在最前線作戰的嗜中性白細胞的屍體

粒細胞和巨噬細胞同樣是經常在體內巡邏的常備軍，負責重要的自然免疫。粒細胞包括**嗜中性白細胞**、**嗜酸性白細胞**、嗜鹼性白細胞三種。其中，嗜中性白細胞是預防細菌感染最重要的武器。由於粒細胞的核呈現中間變細的特異形狀，故又稱爲**多型核白血球**。

嗜中性白細胞和巨噬細胞一樣，都是採取吞噬、消化異物的方法攻擊異物。嗜中性白細胞的表面有與抗體結合的受體（Fc受體），會吞噬許多與抗體結合的細菌（稱爲**調理素化**）。

嗜中性白細胞的吞噬、攻擊力與巨噬細胞相近，但數量卻非常龐大。血液中粒細胞的數量是巨噬細胞的十二倍，其中又以嗜中性白細胞佔多數。

嗜中性白細胞佔白血球的五十～六十％。在編成特攻隊的一～二週內，是以嗜中性白細胞爲主，攻擊入侵的敵人（細菌）。而發炎部位的膿，多半是在最前線與敵人作戰的嗜中性白細胞的屍體。

• **嗜中性白細胞**
粒細胞的一種，它是數量最多的淋巴球。在罹患感染症的初期，是防禦的主力部隊。

• **嗜酸性白細胞**
粒細胞的一種，具有預防感染寄生蟲的重要作用。

• **多型核白血球**
即粒細胞。包括嗜中性白細胞、嗜酸性白細胞、嗜鹼性白細胞。

• **調理素化**
細菌或細胞與特異抗體結合，補體活化，使巨噬細胞更容易吞噬。

粒細胞的種類

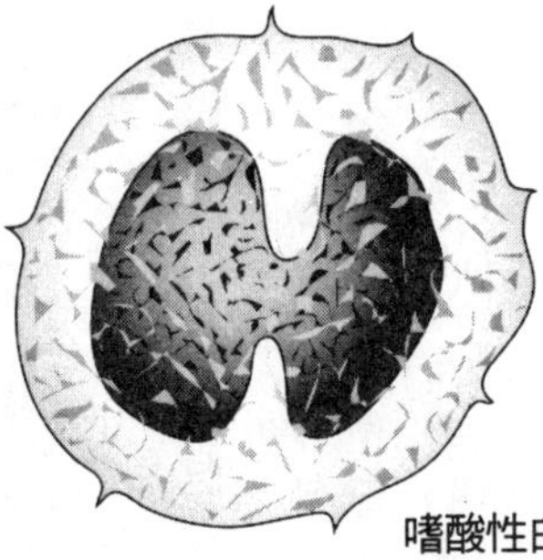

嗜酸性白細胞

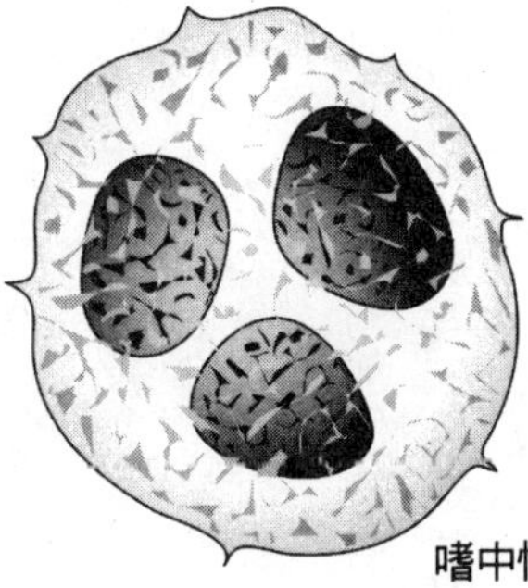

嗜中性白細胞

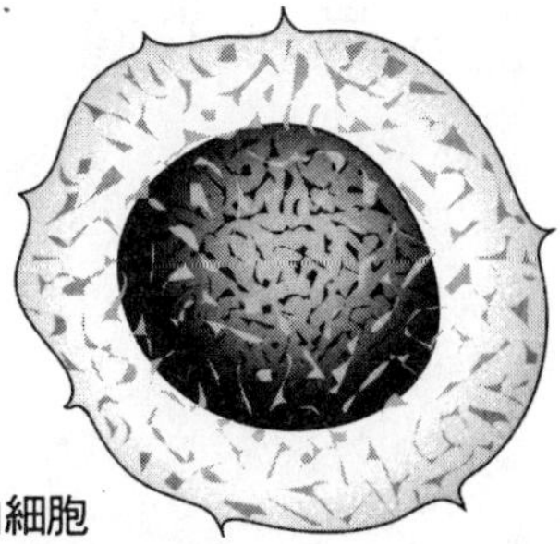

嗜鹼性白細胞

4 攻擊內部反叛者的自然殺手細胞

⊙擊潰恐怖份子的NK細胞

生物具有巨噬細胞、嗜中性白細胞等常備軍，以及B細胞和殺手T細胞等特攻隊，共同對付最多的敵人，也就是細菌的感染。

不過，生物內也存在著病毒感染細胞或是內部反叛者癌細胞，因此，必須依賴另一種常備軍自然殺手細胞（NK細胞）來找出隱藏於內部的敵人。

癌細胞是設計圖DNA變異或損傷而造成的內部反叛者。人體是由六十兆個細胞構成的，或多或少都會出現反叛者，但是，NK細胞經常會監視生成的癌細胞並迅速加以擊潰，所以不會發病。

此外，一旦感染病原性病毒，病毒就會利用包圍的細胞讓自己增殖。這時，對生物而言，雖然感染病毒的細胞（病毒感染細胞）是自己的細胞，但同時也是敵人（被敵人洗腦的恐怖份子）。而發現並擊潰恐怖份子（病毒感染細胞）也是NK細胞的重要責任。

自然殺手細胞（NK細胞）的作用

是「監視」的主角

是「攻擊舞台」的主角

迅速發現內部反叛者，在其增殖、擴大勢力前加以擊潰。

⊙NK細胞能夠防患內亂及恐怖行動之芽於未然

NK細胞，會將癌化或感染病毒造成醣脂質變化的細胞視爲敵人而加以攻擊。NK細胞利用接著分子包圍敵人，發射穿孔素或酶原顆粒等殺傷蛋白，破壞癌細胞或病毒感染細胞。

基本上，NK細胞和殺手T細胞的武器相同。不過，NK細胞是常備軍，不會分辨個別的敵人，而且數量有限，只能在初期敵手較少時發揮威力。一旦癌細胞或病毒感染細胞增殖而數量變多時，就必須出動特攻隊。NK細胞會分泌干擾素等淋巴激素，不僅使自己活化，同時也促進T細胞的活化。

NK細胞能夠迅速找出剛生成的內部反叛者，在其增殖、擴張勢力前加以殲滅，防範內亂及恐怖行動之芽於未然。

由六十兆個細胞構成的身體，即使每天都可能會產生癌細胞或被各種病原性病毒包圍，但卻不會罹患癌症或使病毒疾病發病，這都是拜NK細胞迅速擊潰新生癌細胞或病毒感染細胞所賜。

•醣脂質
醣與脂質結合的化合物，存在於細胞的表面。

NK細胞攻擊敵人的構造

迅速發現內部反叛者，在其增殖、擴大勢力前加以擊潰

利用接著分子包圍敵人

發射殺傷蛋白，破壞癌細胞等

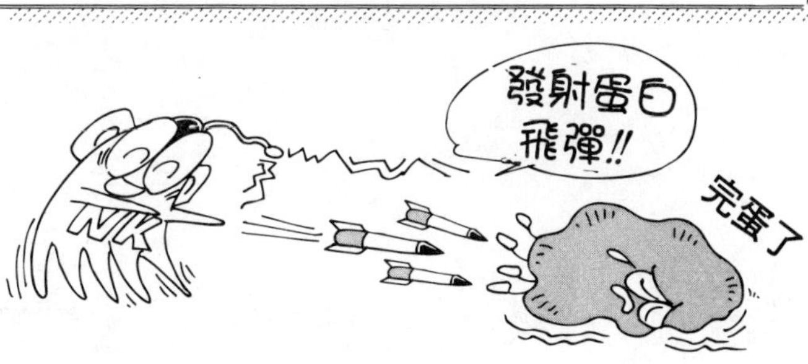

5 既古且新的淋巴球：ＮＫＴ細胞

⊙ＮＫＴ細胞是第四種常備軍嗎？

除了巨噬細胞、粒細胞（嗜中性白細胞）、ＮＫ細胞之外，最近還發現第四常備軍。其性質介於ＮＫ細胞與特攻隊Ｔ細胞之間，所以發現該細胞的千葉大學谷口克教授等人，就將其命名爲ＮＫＴ細胞（自然殺手Ｔ細胞）。ＮＫＴ細胞是第四常備軍，同時也是僅次於Ｔ細胞、Ｂ細胞、ＮＫ細胞之後的第四淋巴球。

在ＮＫＴ細胞中，發現了Ｔ細胞受體和ＮＫ細胞的抗原受體。ＮＫＴ細胞的Ｔ細胞受體，不像Ｔ細胞的Ｔ細胞受體一樣具有多樣性，只認識所有人共通的自身抗原的ＣＤ１，而ＮＫ細胞受體則認識醣脂質。

ＮＫＴ細胞是目前最後被發現的一種淋巴球。ＮＫＴ細胞是在胸腺或其他淋巴球尚未出現的發生初期，也就是胎生期就已經存在的古老免疫系細胞。普通的Ｔ細胞在胸腺接受專門教育，而ＮＫＴ細胞則是在與胸腺無關的肝臟或脾臟成熟的胸腺外Ｔ細胞。

⊙ＮＫＴ細胞負責綜合控制免疫系

世界各國積極的研究ＮＫＴ細胞的功能，目前已經得知其負責綜合控制生物防禦構造（免疫系）。以前認爲生物防禦構造（免疫系）的司令與控制是由輔助Ｔ細胞負責，事實上，卻是由ＮＫＴ細胞負責整體控制。因此，谷口教授主張，ＮＫＴ細胞控制生物防禦構造（免疫系）的行爲應該稱爲「統御」。

根據研究發現，ＮＫＴ細胞具有以下四大作用。

一、藉著分泌淋巴激素來統御生物防禦構造。ＮＫＴ細胞會分泌比輔助Ｔ細胞（Ｔｈ２）多達一千倍的促進ＩｇＥ抗體生成的ＩＬ－４。ＩｇＥ抗體會引起過敏，所以，ＮＫＴ細胞也是引起過敏的重要細胞。此外，ＮＫＴ細胞能夠產生輔助Ｔ細胞（Ｔｈ１）所產生的ＩＦＮ－γ。以前二種輔助Ｔ細胞Ｔｈ１、Ｔｈ２的平衡（Ｔｈ１／Ｔｈ２平衡）被視爲控制免疫系非常重要的條件，現在卻發現ＮＫＴ細胞能夠產生這二種物質，控制細胞激素。

二、排除移植的**同種骨髓（allo 骨髓）**。在移植他人臟器時，容易出現免疫排斥反應而拒絕移植的臟器，其中延遲型Ｔ細胞對於移植臟器的排斥影響較大。不過，根據後來移植骨髓的實驗發現，ＮＫＴ

●**同種骨髓**
他人的骨髓。

細胞也具有相當重要的作用。

三、NKT細胞能夠抑制自身免疫疾病的發病。自身免疫疾病的模型動物或患者，其共通點是NKT細胞明顯減少或消滅。

四、是能夠抑制癌細胞的活性。NKT細胞與NK細胞同樣都可以監視內部反叛者（癌細胞），在將其殺傷的同時產生淋巴激素，促進特攻隊的發動。此外，根據報告顯示，懷孕和流產等也和NKT細胞有關。

⊙期待NKT細胞能夠治療難治疾病

NKT細胞是最晚被發現的細胞，但卻是最古老的部隊之一。NKT細胞可以統御生物防禦構造，具有非常重要的作用。目前已知其與過敏、自身免疫疾病、癌症等難治疾病有密切的關係。

隨著NKT細胞研究的進步，相信未來可以找出治療這些難治疾病的方法。

癌症患者的NKT細胞數量減少，於是谷口教授等人嘗試將醣脂質**α半乳糖苷神經醯胺**（α-galactosyl ceramide）植入樹狀細胞中，結果促使NKT細胞活化。這項技術已經應用在治療癌症上。

●**α半乳糖苷神經醯胺**
醣脂質的一種。

NKT細胞介於NK細胞與T細胞之間

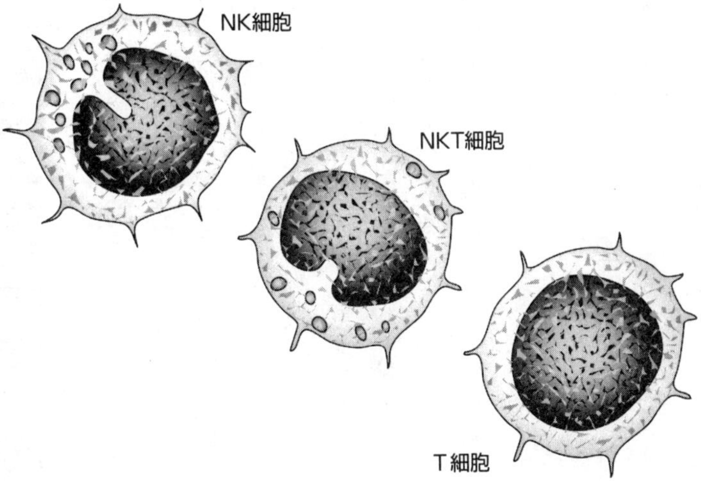

ＮＫＴ細胞與過敏疾病、癌症、懷孕及流產等有關的資料相當多，期待這些相關的資料能夠應用於醫學上。

ＮＫＴ細胞是較晚發現的免疫細胞，其實力目前還是未知數，希望今後能有明確的成果出現。

6

視敵人種類而進行防禦、攻擊的特攻隊：淋巴球

⊙淋巴球會針對不同的敵人使用不同的武器

以下來探討自然免疫的常備軍，生物防禦構造的特攻隊——淋巴球。常備軍發現敵人時會加以吞噬、攻擊，同時傳遞訊息給特攻隊，但是，無法區別個別的敵人。

然而，淋巴球卻能夠分辨敵人，配合敵人的種類，採取不同的部隊或武器展開殲滅行動。以此意義來看，淋巴球就像特攻隊一樣，會視入侵敵人的種類而使用不同的部隊或武器。因此，與常備軍的自然免疫不同，稱爲後天免疫。

淋巴球具有極大的B細胞和T細胞，而T細胞中又有與控制免疫系統相關的輔助T細胞及攻擊部隊殺手T細胞。

⊙B細胞會製造發射攻擊用飛彈抗體

B細胞會製造發射攻擊用飛彈抗體。亦即，一旦敵人入侵，B細胞就會製造只認識該敵人並加以追蹤、攻擊的飛彈，釋放到血液中，

輔助T細胞是司令官

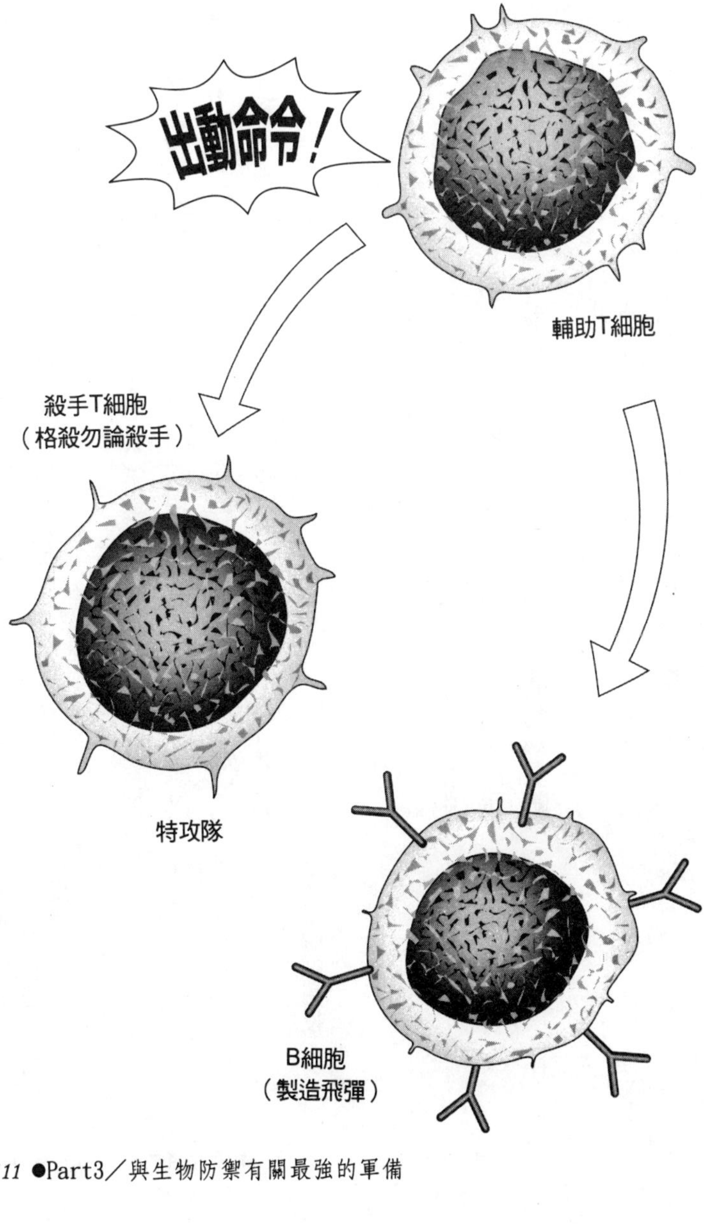

故又稱**液性免疫**。抗體則是K細胞和巨噬細胞等互助合作，利用補體這種殺傷蛋白的力量，擊滅入侵的細菌或癌細胞等。此外，抗體也會包圍毒素等進行中和，保護生物。

輔助T細胞藉著T細胞受體（TCR）接受巨噬細胞或粒細胞等反應在MHC上的敵人訊息，依該訊息出動適合攻擊敵人的部隊或武器。接獲命令出擊的殺手T細胞，利用T細胞受體分辨敵人，加以包圍、攻擊和殲滅，是最強的殺手。與抗體的液性免疫不同，利用細胞包圍敵人的方式進行攻擊，稱爲**細胞性免疫**。

⊙大部分的敵人在一～二週內就會遭到鎮壓

配合敵人的特性，利用抗體進行液性免疫，或是利用殺手T細胞進行細胞性免疫，有時則是兩者同時發揮功能，徹底消滅敵人。經過挑選而組成的特攻隊，攻擊力最強，幾乎在一～二週內就能夠鎮壓敵人，使疾病痊癒。

擊退敵人之後，特攻隊會解散縮小，但是敵人的記錄卻會成爲記憶殘留下來。等到再度遭受相同敵人攻擊時，就能夠迅速編成部隊，展開反擊，不再罹患相同的疾病，這就稱爲免疫記憶。例如，麻疹就

●**液性免疫**
與抗體有關的免疫。

●**細胞性免疫**
與殺手T細胞有關的免疫。

特攻隊能夠在 1、2 週內鎮壓敵人

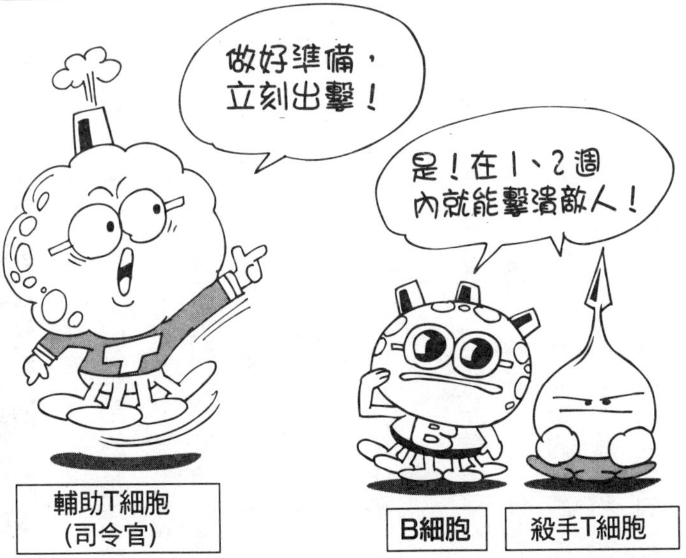

做好準備，
立刻出擊！
是！在1、2週
內就能擊潰敵人！
輔助T細胞
(司令官)
B細胞
殺手T細胞

具有免疫記憶，所以得過麻疹的人，終生不會再罹患麻疹。

接種疫苗或預防接種，也是利用免疫記憶的特性。後天免疫則會因是否遭受敵人攻擊而有不同的情況。因此，即使是擁有相同基因的同卵雙胞胎，狀況也有所不同。

7 生產、發射飛彈的B細胞

⊙若T細胞是陸軍特攻隊，則B細胞就是空軍特攻隊

若淋巴球中的T細胞是陸軍特攻隊，那麼，B細胞就是空軍特攻隊。因爲B細胞會生產抗體飛彈，而且會陸續發射飛彈攻擊敵人。

T細胞在胸腺（Thymus）成熟，接受教育，並取胸腺這個字的開頭字母命名爲T細胞，而B細胞則是最早被發現在雞的**法布里酷斯囊**（Brusa Fabricius）中成熟，故取其開頭字母命名爲B細胞。就人類而言，則是在骨髓（Bone Marrow）分化、成熟，所以，命名爲B細胞也沒錯。

B細胞表面會形成受體，產生抗體分子。抗體具有多樣性及特異性，換言之，抗體認識抗原的分子構造，能夠與其進行特異結合，所以，B細胞可以製造出配合抗原種類的抗體。

事實上，抗體認識抗原分子上的肽鏈和**醣鏈**，其種類比抗原多數倍，所以，生物已經備妥與抗體相同種類的B細胞。

●**法布里酷斯囊** 在雞體內所發現的鳥類特有的免疫器官，是B細胞分化增殖的中樞器官。哺乳類體內並不具有這種器官。

●**醣鏈** 蛋白等相連接的多醣類的鏈。

淋巴激素是傳令兵

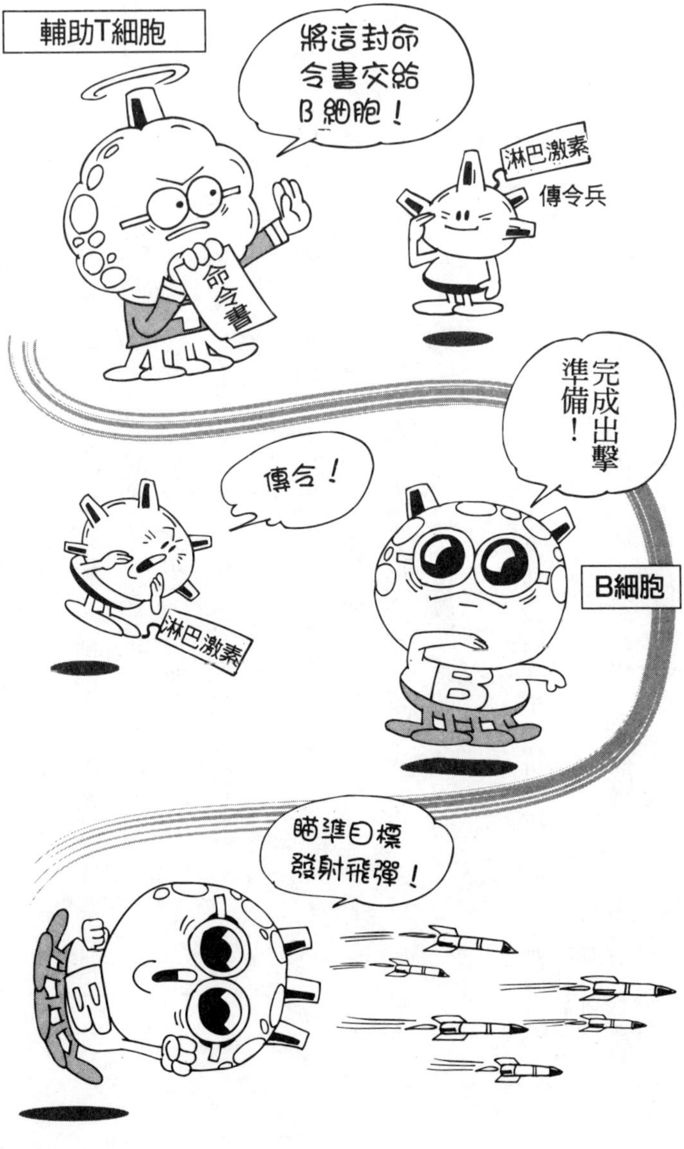

⊙細胞性免疫與液性免疫

A抗原入侵體內時，巨噬細胞等抗原反應細胞，會將其吞噬、消化，然後再將抗原（敵人）的訊息傳給輔助T細胞。輔助T細胞接獲訊息後會加以分析，釋出淋巴激素，命令殺手T細胞或B細胞出擊。

淋巴激素的IL－5會促進B細胞增殖、活化，但並非所有的B細胞都是藉著IL－5而增殖、活化。只有擁有與A抗原結合的抗體成爲受體的B細胞，透過和入侵的A抗原結合，才能夠發現接收IL－5等增殖分化因子的受體，接受輔助T細胞下達出擊的命令。

對於A抗原具有特異性的B細胞，增殖分化後變成許多的形質細胞。生產與受體的抗體具有相同特異性的抗體（飛彈），陸續發射攻擊敵人。發射的飛彈只能與A抗原結合，所以，可以準確命中體內的A抗原並與其結合。

另外，B抗原、C抗原入侵時，同樣會生產並發射大量的抗B抗體、抗C抗體。

發射的抗體會與抗原結合，中和其毒性，使其無毒化。而**補體**（CDC）、K細胞或巨噬細胞（ADCC）等，會包圍並破壞具有此抗原的細胞（細菌），保護生物免於敵人的侵害。

•補體 存在於血清中一群具有溶菌作用的複數蛋白，藉著與抗體的Fc部分結合而活化。

B細胞的飛彈百發百中

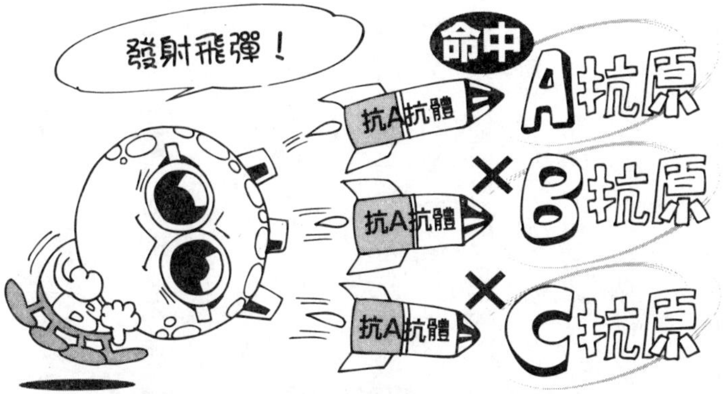

抗A抗體只會和A抗原結合，百發百中，可以準確的命中，加以破壞

殺手細胞是細胞本身能夠發揮功能，故稱爲「細胞性免疫」。而抗體則是藉著B細胞製造、發射，發射之後，與細胞無關，而能夠發揮其功能，故稱爲「液性免疫」。

8 攻擊用飛彈：抗體的種類與構造

⊙由四條蛋白質構成的基本構造

B細胞生產、發射的抗體，是稱爲免疫球蛋白（immunoglobulin）的蛋白分子，以免疫球蛋白英文縮寫Ig來表示。

抗體的基本構造，是由二條重鏈（H鏈）及二條輕鏈（L鏈）這四條蛋白所構成的。

H鏈與L鏈是藉著半胱氨酸的S-S結合，此外，H鏈之間也會藉著半胱氨酸的S-S結合而結合，整體而言，形成Y字形。

H鏈與L鏈所構成Y字的二個頭部，會辨識異物（抗原），與抗原結合，是相當於飛彈探測器的部分。這個部分富於多樣性，有數千萬到一兆種。亦即抗體所擁有的這種如飛彈一般的多樣性或特異性，就是存在於這個部分。這個部分稱爲Fab片段。在下一節將詳述Fab的多樣性。

而由二條H鏈所構成的Y字下半部分，主要是負責抗體的種類與生物活性。這個部分稱爲Fc片段。依Fc的不同，抗體又可分爲I

- **免疫球蛋白** 抗體蛋白。
- **重鏈（H鏈）** 抗體的構成成分中，分子量較大的蛋白。
- **輕鏈（L鏈）** 抗體的構成成分中，分子量較小的蛋白。
- **Fc片段** 抗體的固定部。

人類抗體各種類別、細分類的構造

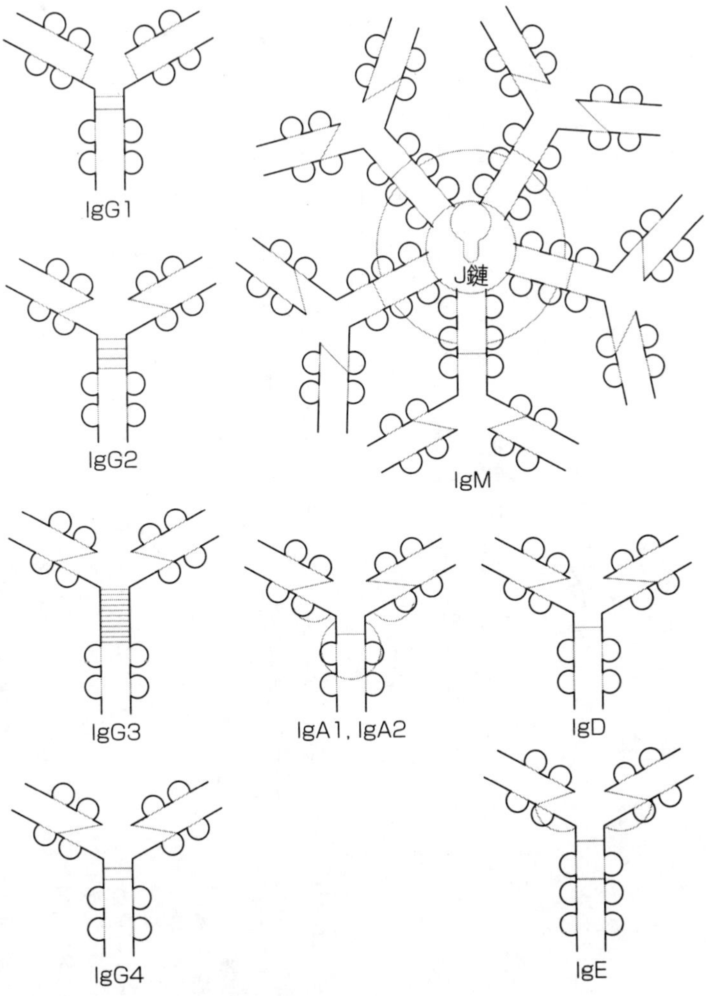

淺色線條是S-S結合（多肽鏈中2個半胱氨酸殘基間的雙硫結合）。

gG、IgM、IgA、IgD、IgE5種，這就是抗體的類別。

IgG又細分爲IgG1、IgG2a、IgG2b、IgG3、IgG4等不同的類別。

⊙分子量為九十萬！

IgG爲抗體的主力，基本上具有Y字構造。爲分子量十五萬的大蛋白。IgM則與J鏈相連，五個Y字的Fab呈圓形朝外排列的構造，分子量爲九十萬。IgM是在感染初期主力IgG未生產之前就已經產生，擔負攻擊敵人的任務。

另外，在B細胞表面具有如天線般作用的，是IgM的1量體。IgA是二個Fab朝外排列成Y字的形狀。主要是防禦來自於黏膜的感染，會分泌於唾液、淚、鼻噎、支氣管液、腸管分泌液、子宮頸部分泌液、膽汁等的外分泌液中。

IgE則只有H鏈的種類不同而已，基本上構造是Y字形，分子量爲十九萬，比IgG更大。原本是負責防禦寄生蟲，現在則被視爲是成爲過敏關鍵的著名抗體。IgD是分子量爲十八萬的Y字構造，不過在血中的量較少。關於其在生物學上的功能，目前無法完全的掌

●抗體的類別
抗體固定部的種類，包括IgM、IgA、IgD、IgG、IgE等。

●Y字構造
抗體分子由二個固定部（Fc）和二個Fab構成，就如同Y字的形狀一樣。

抗體及其功能

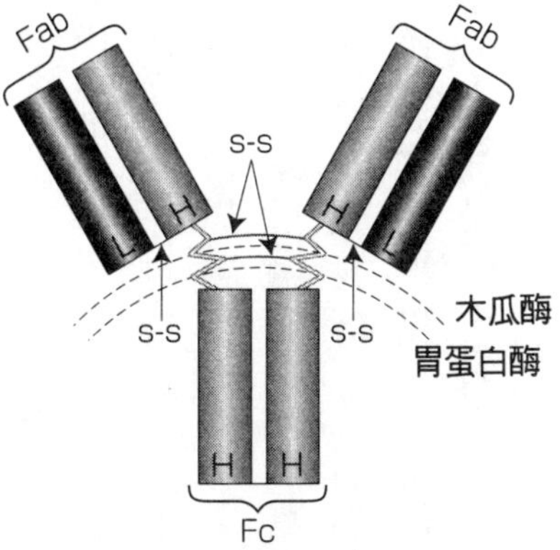

ＩｇＧ抗體分子的模型圖，與特異決定基結合的「陷凹部」或裂縫存在著各Ｆａｂ片段。Ｆｃ片段上的部位或立體配置則與ＩｇＧ抗體分子的一些生物活性有關。此外，也顯示出木瓜酶與胃蛋白酶的酵素分解所形成的切斷部位。

握。不過，已知其和ＩｇＭ一樣，存在於Ｂ細胞的表面，具有如天線一般的作用。

決定抗體類別的Ｆｃ部分，是蛋白鏈帶有醣的醣蛋白，會與補體或Ｋ細胞等結合。與Ｆｃ結合的補體或Ｋ細胞，利用活化的Ｆａｂ部分破壞結合的靶細胞。

抗體能夠藉著Ｆａｂ的特異性與Ｆｃ的生物活性，鎖定各種敵人，準確的攻擊目標。

9 神奇抗體的多樣性秘密

⊙利根川進博士解答抗體疑問的成就

前面提到，抗體是蛋白分子，而其特異性達到數千萬～一兆種。根據基因組解讀，目前已知基因的總數達三萬數千個，而其爲什麼能夠製造出這麼多不同的蛋白（抗體）呢？從「一基因一蛋白」的理論來看，真是不可思議。

換言之，設計圖總共只有三萬數千個，但是，光是抗體就有數千萬～一兆種，這究竟是怎麼一回事呢？

日本的利根川進博士解答這個疑問，其研究成果得到了**諾貝爾生理醫學獎**。這就是基因重組，簡單說明如下。

⊙基因重組＝基因片段隨機組合

由ＡＢＣＤＥＦＧＨＩＪ這十個字構成的一串文字，若將其次序顛倒的寫在一張卡上，例如，寫成ＢＡＣＤＥＦＧＨＩＪ、ＣＢＡＤＥＦＧＨＩＪ等，則依順序排列組合，將能夠製成數量龐大的卡片。

・利根川進
日本的分子生物學家。因為研究抗體基因的再校對成就，而於一九八七年得到諾貝爾生理醫學獎。現為ＭＩＴ教授。

・諾貝爾生理醫學獎
諾貝爾財團每年會將世界最高的獎項頒給在各領域中最優秀的研究者。像醫學、生理學、生物學等各方面研究成果佳的人，都能獲頒獎項。而在日本只有利根川進一人獲頒諾貝爾生理醫學獎。

・基因重組
抗體分子藉著基因片段的再組成而發揮多樣性。

蛋白分子是卡片的組合

■基因訊息寫在同 1 張卡片上時
就能夠形成許多種類的蛋白質，因此需要龐大數量的卡片

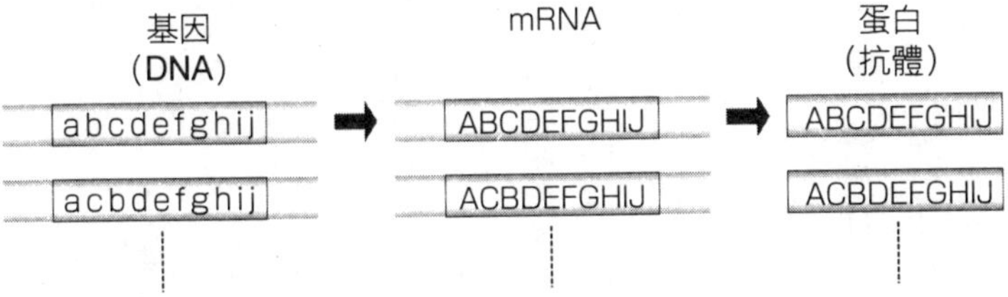

■基因訊息各寫在不同的卡片上時
只要將卡片重新排列組合，就能夠形成許多種類的蛋白質

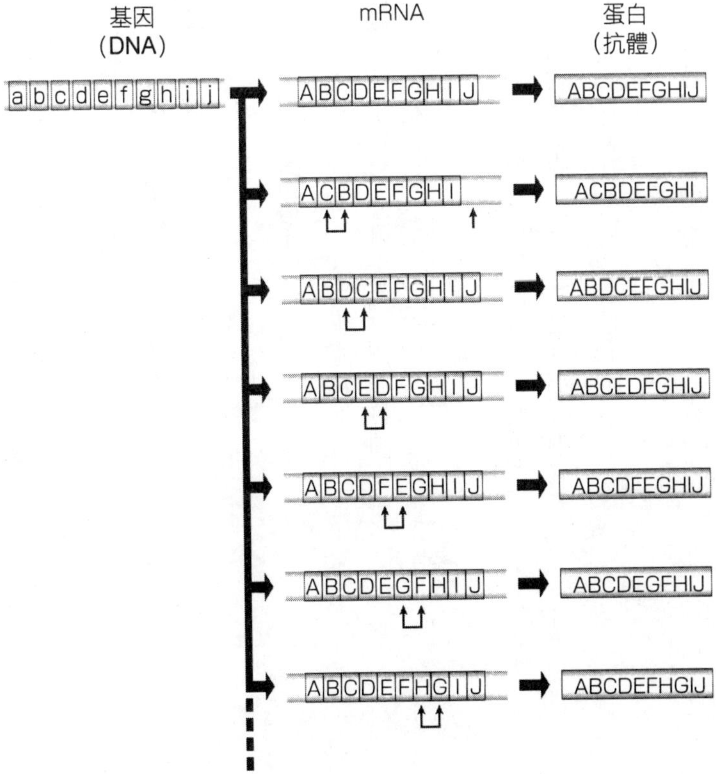

就像撲克牌等使用A、B等單一文字的卡片，十張卡片能夠排出各種不同的順序。

同樣的，具有不同特異性的許多抗體，如果想要從各個基因來製造，則需要龐大的基因，但只要將一些基因片段重組，就能夠製造出具有一種特異性的抗體。隨機組合這個基因片段，就稱爲重組。

⊙在一個B細胞分化、誕生時就已經決定好重組了

事實上，Fab部分的基因，在H鏈有V、D、J三個領域，在L鏈有V、J兩個領域。人類的H鏈的V領域有一百～二百個、D領域有六個、J領域有三十個基因片段，也就是卡。只要組合V、D、J，就能夠得到二千種以上的多樣性。

V-D-J經由同源、定位、轉位重組，就能夠增加多樣性。此外，L鏈V領域的二百～三百個、J領域的五個片段（卡）也會出現相同的情況。因此，藉著H鏈和L鏈的組合決定出來的抗體的特異性（抗體的種類），多達幾兆種以上。

抗體的Fab基因的特定部位很容易引起突變。可以說，抗體的多樣性幾乎是無限的。

1個B細胞只能產生1種抗體

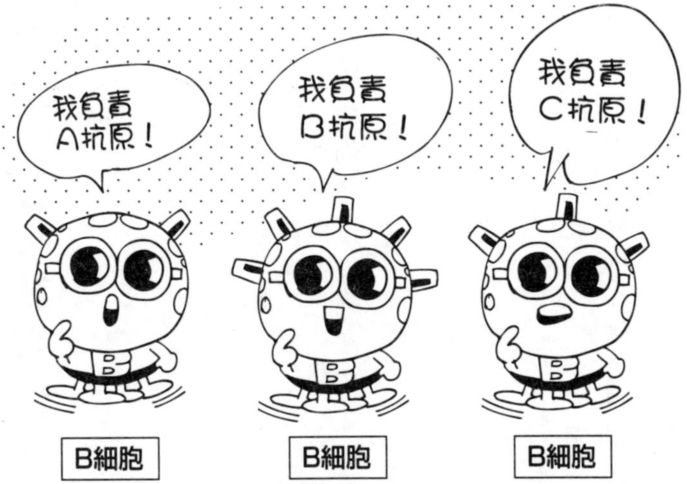
我負責A抗原！
我負責B抗原！
我負責C抗原！
B細胞
B細胞
B細胞

T細胞的T細胞受體的多樣性，除了突變之外，通常能夠製造出和抗體相同的東西。基於這個多樣性，包括未知的物質在內，所擁有的特異性足夠應付任何異物（敵人）。

在一個B細胞分化、誕生時，就已經決定好這個重組了。一個B細胞只能產生具有一種特異性的抗體。

10 抗體如何攻擊敵人呢？

⊙中和抗體的作用

前面提及，稱爲Ｆａｂ的Ｙ字兩個頭部，擁有可以認識敵人特定分子構造而與其結合的抗體的特異性和多樣性。那麼，結合後，抗體又是如何攻擊異物（敵人）呢？

我們所說的異物（敵人），包括了像蛇毒、細菌所產生的毒素等蛋白性物質，或細菌、癌細胞等細胞。抗體是能夠應付從化學武器到生物武器等各種敵人的飛彈。如果敵人是蛋白性毒素，則只要包圍毒素，中和其活性，使其無毒化即可。與毒素等的活性中心或其附近結合而使其無毒化的抗體，就稱爲中和抗體。

⊙貪食細胞與調理素化

另方面，如果需要破壞像病原菌以及癌細胞等細胞本身時，則光是包圍敵人是不夠的。具有炸彈作用而負責殺死敵人細胞的是Ｙ字根部的Ｆｃ部分。Ｆａｂ包圍敵人時，Ｆｃ部分的立體構造會稍微產生變化，使得存在於血中的補體類活化，溶解、殺死細菌或癌細胞等。補體類是指Ｃ１～Ｃ９這九種巨大蛋白，當抗體抗原結合（**抗體抗原複合物**）時，首先是補體的Ｃ１與Ｆｃ部分結合，然後，補體類蛋白依序活化，發揮溶菌作用（**補體依賴性殺細胞活性：ＣＤＣ**）。活化的補體分子會使得巨噬細胞等**貪食細胞**活化。

巨噬細胞擁有Ｆｃ受體，對於包圍抗體的細胞等，可以藉著抗體的Ｆｃ強力結合，吞噬掉敵人細胞。藉由包圍抗體而提升巨噬細胞等的吞噬力，這種現象就稱爲調理素化。

⊙抗體攻擊敵人的構造

Ｋ細胞、ＮＫ細胞都擁有Ｆｃ受體，藉著Ｆｃ受體與包圍敵人的抗體的Ｆｃ部分強力結合，就能以更強大的力量攻擊敵人，加以殲滅（抗體依賴性傷害細胞活性：ＡＤＣＣ）。ＡＤＣＣ就是利用抗體攻擊癌細胞的主力武器。抗體與抗原（敵人）結合時，抗體的Ｆｃ部分的構造會產生變化，使得補體類活化（ＣＤＣ）、調理素化、ＡＤＣＣ等，結果，就能夠強力的殺傷敵人細胞。

抗體的殺細胞活性，以抗體的Ｆｃ部分最爲重要，而抗體的Ｆｃ

•補體依賴性殺細胞活性

與靶細菌、細胞特異結合的抗體，是藉著補體部分與Ｆｃ部分結合而活化的補體力量來破壞靶細菌或細胞。

•貪食細胞

能夠吞噬入侵細菌等異物的細胞。例如巨噬細胞等。

部分則因抗體類別的不同而有不同。當然，這些生物活性也因抗體類別的不同而有差異。例如IgM或IgG具有強大的CDC活性及調理素功能。IgG2a、IgG2b則具有ADCC活性。IgE藉由Fc受體而與肥胖細胞或粒細胞結合時，就會引起過敏反應。

⊙決定抗體類別的方式

前面提到，抗體的多樣性就在於Fab部分的基因重組。那麼，抗體的類別又是如何決定的呢？

通常，抗體具有如天線一般的作用，單體IgM或IgD存在於B細胞的表面。當抗原進入之後，擁有對抗原具有特異性的天線的B細胞，會讓抗原和天線結合，這種結合會形成一種暗號，在B細胞表面就會發現**B細胞增殖因子受體**（BCGF受體）、**B細胞分化因子受體**（IL-5受體），藉著輔助T細胞等所產生的BCGF或IL-5的作用，就能夠增殖、分化爲形質（漿）細胞。這時，直接在Fc部分更換感應器Fab（特異性），亦即Fc部分的基因（H鏈）和IgM（Hμ）、IgG（Hγ）、IgA（Hα）、IgE（Hε）、IgD（Hδ）依序如片段般排列，在分化爲形質細胞之際，就

何謂調理素化？

藉著抗體包圍抗原，使得巨噬細胞等吞噬力上升，這種現象就稱為調理素化。

可以決定到底要使用其中哪一個基因部分。

到底使用哪個部分，則是由抗原的種類及對該抗原的記錄（記憶）決定。詳情不得而知，不過，更換Ｆｃ部分的Ｈ鏈，這稱爲類別轉換（Class Switch）。日本的利根川博士發現重組原理，而京都大學的**本庶佑**教授則發現這個類別轉換原理。

各種類別的抗體具有多樣性而富於各種特異性，同時能夠發揮多彩多姿的生物活性。

利用重組、類別轉換這種基因片段組合的方式，則只要使用較少的基因，就可以製造出各種類別的抗體。

●**本庶佑**　日本免疫遺傳學家。解析抗體的類別轉換構造。現為京都大學醫學部教授。

11 大量生產飛彈技術的融合瘤法與單株抗體

⊙抗血清是指含有很多特定抗體的血清

當抗原（敵人）入侵時，與抗原產生反應的B細胞增殖、分化，變成**形質細胞**，生產與入侵的抗原進行特異結合的抗體並釋出到血液中。感染某種細菌的動物的血清中，含有很多對付這種細菌的抗體。而含有很多這種特定抗體的血清，就稱爲**抗血清**。

在馬的體內接種**白喉菌、破傷風菌**製造出抗體後，採取其血清，將此抗血清注射到罹患白喉、破傷風的患者體內，就能夠治癒疾病。同樣的，對於被蛇咬傷的患者，也可以投與對付蛇毒的抗血清。

這種抗血清療法是非常有效的療法，但卻存在著一些問題。

首先是，對於馬等動物投與抗原（毒素或細菌等），在血清中製造抗體，但是只能採集到從一隻動物體內所生產的血清量。

第二是，依動物的個體不同，所形成的抗體也不同，不能夠每一次都得到相同的抗血清。

第三是，即使將精製純粹的抗原投與動物而得到免疫，但是在一

- **形質細胞**　漿細胞。B細胞分化成形質細胞，產生抗體。
- **抗血清**　利用抗原引起致敏反應的動物血清。應用於血清療法上。
- **凱勒**　是德國的免疫學家。因為發現融合瘤法，在一九八四年和米爾休塔因一起得到諾貝爾生理醫學獎。

個抗原之上存在著複數的抗原決定基，因此，製造出來的抗體也不是一種，而是混合多種類的抗體。

第四是，動物的抗血清中，除了抗體以外，還含有很多蛋白，這對人類來說是異物，第一次投與人類，可能會引起免疫反應，但是，第二次投與來自相同動物的抗血清時，則可能會引起血清病等強烈的休克症狀。

⊙利用融合瘤產生單株抗體

幾乎可以完全解決這種抗血清缺點的，就是一九七五年由**凱勒**和**米爾休塔因**所發明的利用**融合瘤法**（hybridoma）來生產單株抗體（Monoclonal Antibody）。

一個B細胞分化爲會產生一種抗體的形質細胞，B細胞或形質細胞都無法以人工方式培養增殖，但形質細胞癌化的**骨髓細胞瘤**（myeloma），則可以人工方式培養增殖。

凱勒和米爾休塔因從對於特定抗原免疫的老鼠的脾臟取出形質細胞，和沒有製造抗體的骨髓細胞瘤進行**細胞融合**，製造出對付免疫抗原的抗體（形質細胞的性質），以人工方式培養增殖（骨髓細胞瘤的

- **米爾休塔因**
  是英國的免疫學家。因為發現融合瘤法，而在一九八四年和凱勒一起得到諾貝爾生理醫學獎。
- **融合瘤法**
  B細胞與癌化的B細胞進行細胞融合所產生的細胞，能夠生產單株抗體。
- **骨髓細胞瘤**
  B細胞（形質細胞）癌化的細胞。
- **細胞融合**
  二種以上的細胞相黏附著而變成一種細胞。

特質），成功的製造出細胞來。這種細胞就稱爲融合細胞。融合細胞所製造出來的抗體，因爲只來自於一種形質細胞，所以，能夠得到不摻任何雜質的一種單純抗體，稱爲單株抗體。融合瘤的需要量隨時都可以增加，只要使用培養基進行培養，就能夠大量生產單株抗體。而藉由無血清、無蛋白培養基等的培養方式，就能夠得到幾乎不摻任何雜質的純粹單株抗體。

⊙副作用較低的抗體醫學

人類利用免疫學、**細胞工學**、**蛋白科學**等，成爲生物自我保護的武器，在長久進化的歷史中開發出來的抗體飛彈，已經成功的能夠隨時取得。藉著操作抗體基因的抗體工學，能夠設計製造出力量更強、更容易使用的抗體。

例如，當成免疫動物的老鼠，所生產的單株抗體，就是老鼠的抗體。藉由抗體工學，將Ｆｃ部分替換爲人類的Ｆｃ基因，則即使投與人類，也可以製造出**免疫原性**較少的**嵌合性抗體**（Chimaeras Ab）。而且，可以更進一步的生產出維持抗體的特異性而Ｆａｂ部分替換爲人類型的人類型單株抗體。

●**細胞工學**　培養、融合細胞的生物科技。

●**蛋白科學**　亦即解析蛋白構造、氨基酸序列等的學問。

●**免疫原性**　將物質提供給生物時，在生物內產生免疫反應的力量。

●**嵌合性抗體**　各自剪貼人類抗體和老鼠抗體的一部分而製成的雜種抗體分子。

單株抗體的製作

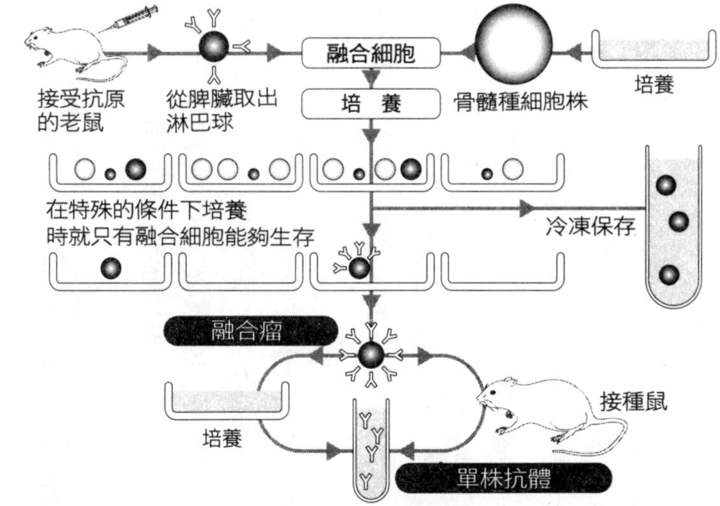

一旦能夠製造出人類型單株抗體，就能夠解決前述抗血清的問題點。

將單株抗體製劑化，用來治療癌症、感染症休克等的醫藥品，就稱爲抗體醫藥。抗體醫藥是特異性極高的藥物，副作用較低，也能夠得到極高的療效，目前正在積極開發各種抗體醫藥。

單株抗體應用在抗體醫藥以及抗體診斷藥等方面，而在生物學等的研究上，單株抗體也是不可或缺的有效工具。

12 控制投入部隊的司令塔：輔助T細胞

⊙T細胞是生物防禦構造最強大的軍團

生物防禦構造最強大的軍團T細胞終於登場了。T細胞包括會分泌淋巴激素（Lymphokines）、控制生物防禦構造整體的輔助T細胞，以及抱持格殺勿論主義而殺死敵人的殺手T細胞。本節首先介紹輔助T細胞。

T細胞在胸腺接受特殊教育，會排除與自己反應的東西，而只有和異己反應的東西才能殘存下來（負的選擇）。所有的成熟T細胞，在其細胞表面都會呈現出T細胞受體（TCR）和表面標幟CD3。進一步詳細調查表面標幟，發現在T細胞中有呈現CD4表面標幟與CD8表面標幟這二種T細胞。擁有CD4表面標幟的是輔助T細胞（Th細胞），而擁有CD8的則是殺手T細胞。

輔助T細胞因其所產生的淋巴激素的不同，又分爲Th1與Th2兩種。Th1會產生IL-4、IL-5、IL-10等主要利用B細胞控制抗體產生的淋巴激素。而Th2則會產生IL-2、INF-γ

•**表面標幟**　在細胞表面發現的標幟物質。

從巨噬細胞到輔助T細胞

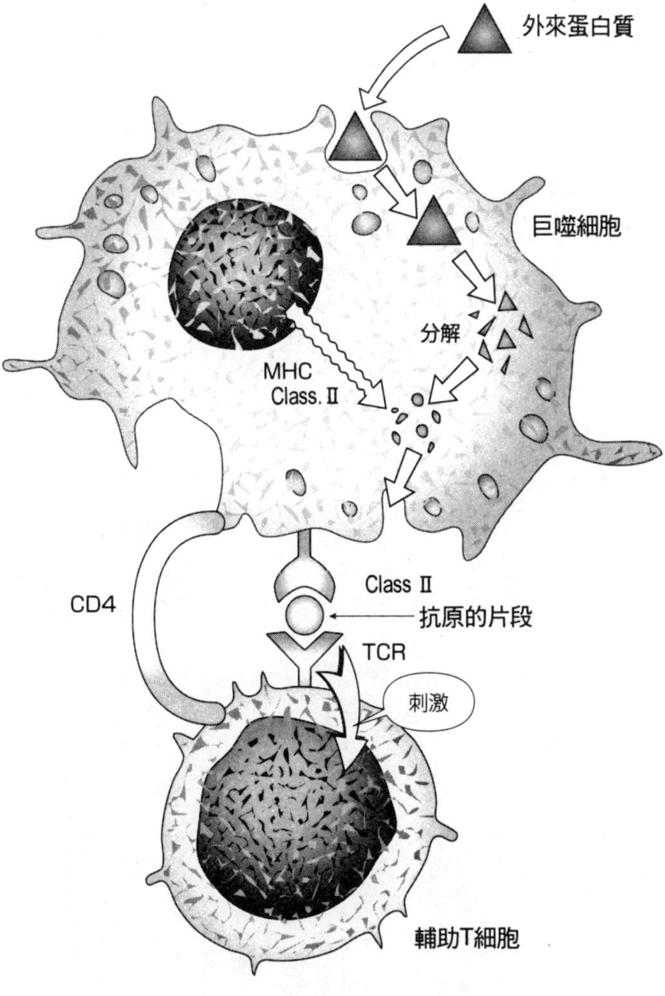

等與殺手T細胞的增殖、分化、活化有關的淋巴激素。

Th1與Th2的平衡（Th1／Th2平衡），能夠使得生物防禦構造發揮正常的功能。就好像荷爾蒙平衡一樣，一旦Th1與Th2的平衡崩潰，就會在維持生命上露出重要的破綻，出現免疫缺乏、過敏、自身免疫疾病等各種疾病。最近，非常重視控制Th1與Th2的平衡。

⊙控制整個免疫系統的司令塔的作用

當異物（敵人）入侵生物內或體內發生異物時，巨噬細胞等抗原反應細胞會將其吞噬消化，而其抗原肽（9～15氨基酸）則會夾在ClassⅡ MHC（第二類主要組織相容性抗原複合群）分子的溝中反應出來。輔助T細胞藉著T細胞受體（TCR）夾住ClassⅡ MHC和抗原肽來加以辨識，基於該訊息來判斷到底是何種敵人，然後生產能夠投入特攻隊的淋巴激素。

如果是細菌等的敵人，則會分泌IL-4、IL-5、IL-10等淋巴激素，促進受到抗原刺激的B細胞的增殖、分化與活化。

若敵人是病毒感染細胞或癌細胞，則會分泌IL-2或INF-γ

●荷爾蒙平衡
各種荷爾蒙之間的平衡。

●免疫缺乏
欠缺免疫力或免疫力明顯的減退。

●抗原反應細胞
具有抗原反應力的細胞。例如巨噬細胞NK細胞。

●吞噬消化
吞噬異物，將其消化掉。

等，促進受到抗原刺激的殺手T細胞的增殖、分化與活化。

Th1與Th2的平衡很重要

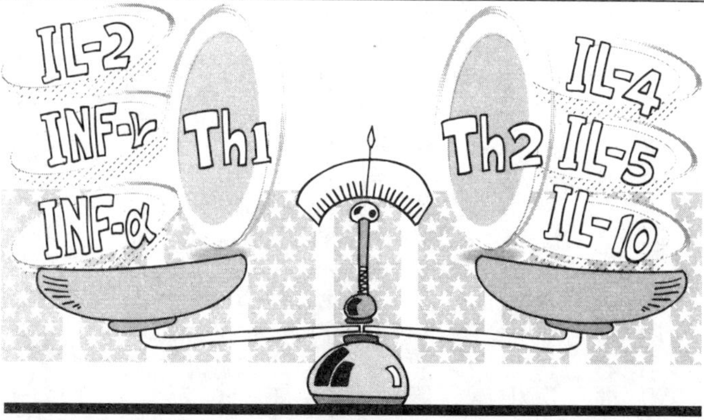

一旦平衡崩潰就會生病

之後，輔助T細胞會觀察戰況，生產必要的淋巴激素，指揮、控制生物防衛軍的作戰，直到這場戰爭獲勝爲止。

輔助T細胞就像司令塔一樣，具有監控整個免疫系統的重要作用。例如愛滋病毒就會包圍輔助T細胞這個司令塔而加以破壞，引起後天免疫缺乏症候群。

13 接受特殊教育格殺勿論的最強大軍團：殺手T細胞

⊙確實殲滅敵人的職業集團

對於反應在抗原反應細胞ClassⅠ　MHC（第一類主要組織相容性抗原複合群）溝狀中的抗原肽，殺手T細胞會藉著細胞表面的T細胞受體（TCR）將其夾住加以辨識。殺手T細胞的TCR的特異性和抗體一樣，具有各種不同的多樣性。殺手T細胞將反應出來的抗原肽和MHC的結合物進行特異結合後，細胞表面才會出現IL-2（T細胞增殖因子：TCGF）受體，能夠接受來自輔助T細胞所發出的增殖命令（IL-2）。因此，對於入侵或發生在體內的敵人具有特異性的殺手T細胞才能夠大量增殖。殺手T細胞這個格殺勿論部隊的投入，必須藉著ClassⅡ　MHC和ClassⅠ　MHC這二個個別的自我認證構造（認識異己）同時發揮作用。接到來自輔助T細胞的動員、出擊命令而增殖、活化的殺手T細胞，會立刻趕到最前線，特異的包圍敵人細胞（癌細胞或病毒感染細胞），發射穿孔素（perforin）等具有強大殺傷力的蛋白，抱持格殺勿論主義，確實殲滅敵人細胞。

從巨噬細胞到殺手T細胞

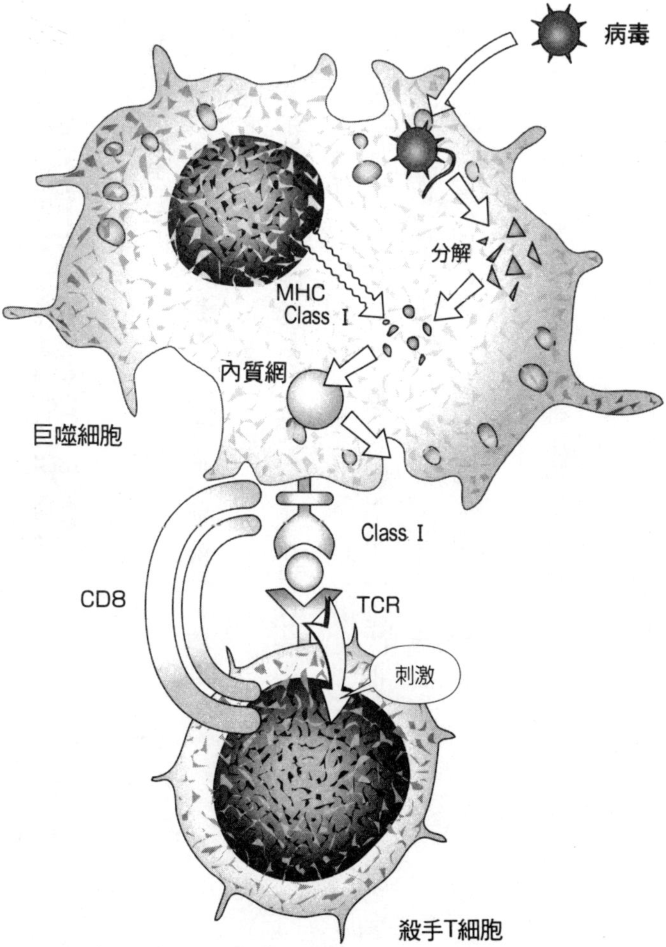

14 細胞激素是傳遞訊息的手段

⊙醫藥品的開發不如預期中的進步

前面說明與生物防禦有關的細胞，是存在於血液、體液及各組織中，特徵是會在體內零散的巡迴。

而相當於司令塔作用的**輔助T細胞**，必須統籌這些零星存在的細胞，對它們下達指揮命令，實在是勞苦功高。

細胞之間的訊息交換或連結，是藉著抗原反應細胞與T細胞的細胞接著因子或受體，直接讓細胞同志之間相連來進行的。不過，大都是藉由細胞激素（淋巴激素）這種蛋白性的液性分子來進行。有如無線電連絡的方式一般。

巨噬細胞會分泌IL-1細胞激素，活化T細胞或B細胞。除了IL-1之外，巨噬細胞還會分泌IL-6、TNF-α、G-CSF、GM-CSF、MIF等細胞激素，促進自身、粒細胞、淋巴細胞等的增殖與活性。

NK細胞也會產生IFN-γ等，活化巨噬細胞或T細胞。輔助

●輔助T細胞
↓參考一三四頁

細胞激素是傳令兵

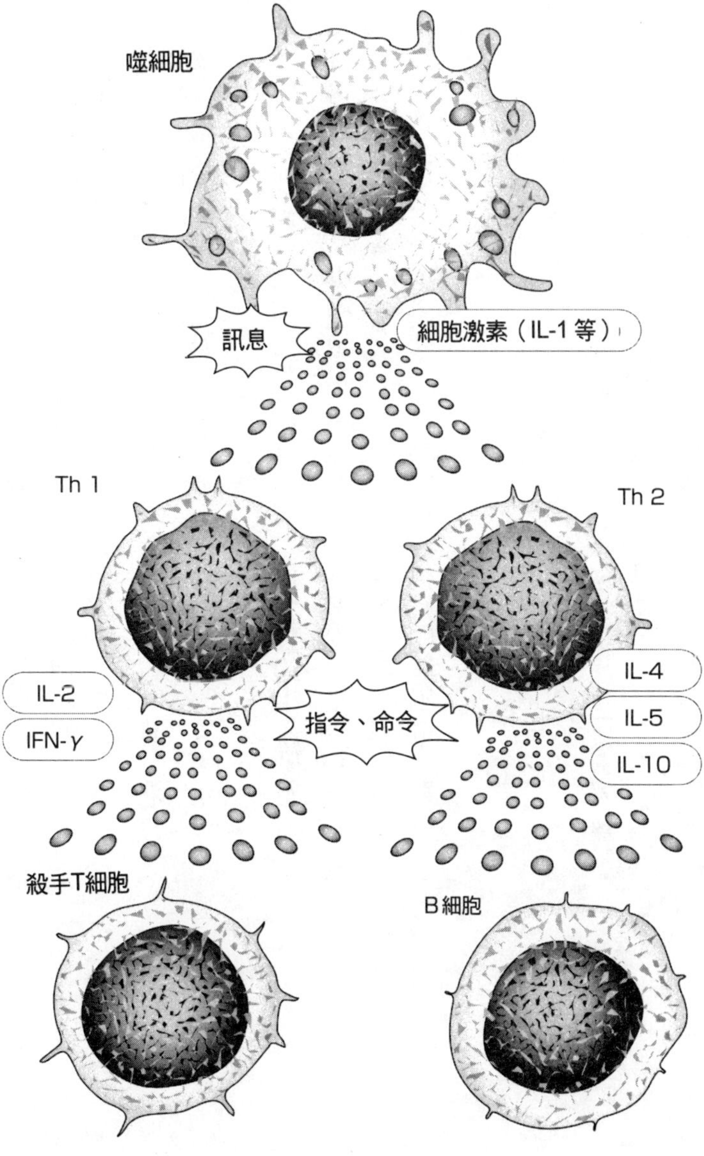

Ｔ細胞會釋出與巨噬細胞、ＮＫ細胞、Ｔ細胞、Ｂ細胞的增殖、活化或控制等有關的ＩＬ-２～ＩＬ-21等許多細胞激素，統領整個免疫系統。很多細胞激素除了各自的主要活性之外，還擁有許多的活性。

換言之，藉著細胞激素進行訊息傳遞及指揮命令，則與其說是藉著每一個細胞激素的活性，還不如說如前面提到的Ｔｈ１／Ｔｈ２平衡一樣，整體的活性平衡更爲重要。

藉著基因重組技術或細胞培養技術等，便可以大量的生產細胞激素，爲了要將細胞激素當成醫藥來使用，因此，持續努力的開發。但是，投與單品的細胞激素，很難使得細胞激素的平衡正常，甚至弄巧成拙，使得平衡瓦解。目前，除了一部分之外，很難開發出令人期待的醫藥品來。

⊙細胞激素的接受者是受體

無線電連絡需要發信機和收信機，而細胞激素也是一樣，需要接受者的收信機。細胞激素藉著各自的受體來接收訊息。

在前面活化殺手Ｔ細胞的部分中已經提過，細胞受體是在細胞需要接收細胞激素訊息以及需要接收之際才會發現。這是單純的以人工

輔助T細胞會透過細胞激素傳達指令

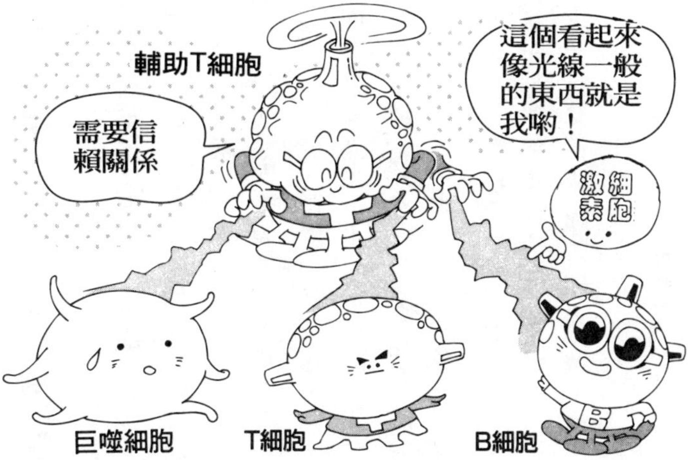

方式藉著基因重組法等製造出的細胞激素投與患者後很難得到期待效果的原因之一。

總之，如果能夠控制細胞激素的生產和接收，就能夠巧妙的控制生物防禦系統。

要將細胞激素當成真正具有療效的醫藥品來使用，其關鍵就在於該如何控制細胞激素平衡，亦即要讓只想增強動員的細胞上能夠發現受體，這是亟待解決的關鍵難題。

15 「病由心生」這句話有科學根據！

⊙神經系統與內分泌系統（荷爾蒙）

俗話說「病由心生」，像身心症等精神問題，事實上，的確和身體狀況和疾病的發病有關。

例如，對油漆過敏的人，在將樹脂托盤交給他時，只對他說「這是塗漆托盤」，對方就會引起漆疹。

「你就是因爲太不小心了，所以才會感冒！」這種聽起來好像沒有任何科學根據的說法，看來似乎也有其科學根據。

本書雖然針對生物防禦構造免疫系統加以說明，但是我們的身體除了免疫系統之外，還有神經系統、內分泌系統（荷爾蒙），藉由這三大系統來維持恒定性。這些系統各自獨立，是龐大、精緻的系統，但三者之間具有密切的關係，會攜手合作。

●油漆過敏
漆疹。接觸到漆樹或漆器等而引起皮膚炎。

⊙過著精神穩定的生活很重要

免疫系統受到自律神經系統（交感神經系統與副交感神經系統）

●自律神經系統
掌管不隨意肌的運動以及腺分泌的神經。

腦神經、內分泌系統與免疫系統的關聯

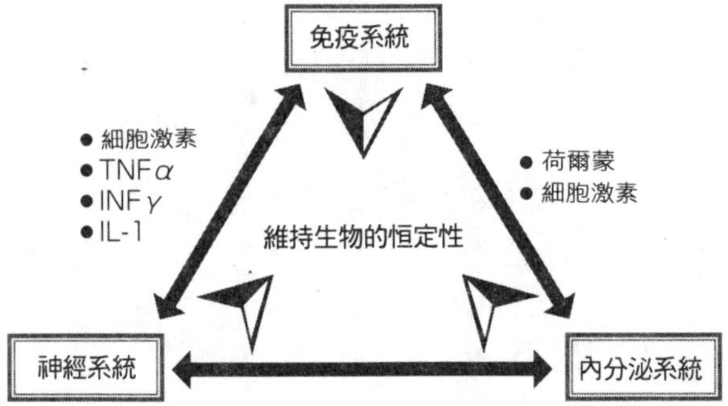

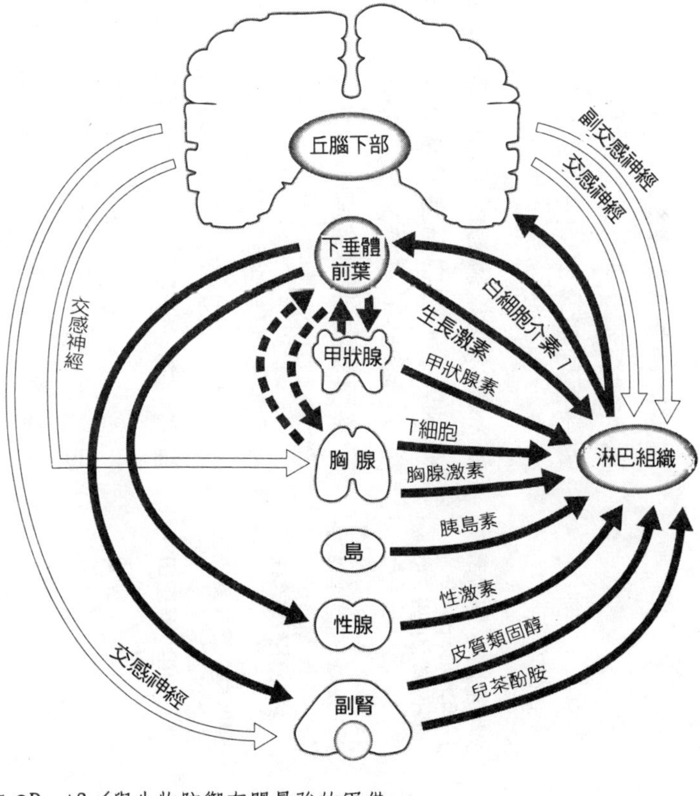

的支配。免疫系統的淋巴球類是藉著副交感神經佔優勢（乙酰膽鹼）而活化，貪食細胞類則是藉著交感神經佔優勢（腎上腺素）而活化。此外，類固醇激素是力量強大的抗炎劑，但是，其受到內分泌系統的支配，由腎上腺皮質激素強力抑制免疫系統。

免疫系統的訊息傳遞，是藉著**白細胞介素**（interleukins）和**單核細胞激素**等細胞繳素來進行，而神經系統是藉著神經傳導物質、內分泌系統則是藉著荷爾蒙等，也是藉由細胞激素來進行調節。各系統的細胞激素又分別和其他系統的調節有關。

例如免疫系統的巨噬細胞所分泌的IL-1，能夠活化淋巴球，同時也能夠對腦神經系統發揮作用，引起發燒。此外，IFN-α是B型及C型肝炎的特效藥，但卻會引起憂鬱症等的副作用。一旦承受強大的壓力（神經系統）時，就會分泌**腎上腺皮質激素**（內分泌系統），使得免疫力（免疫系統）減退。

雖然具有相當重要的作用，但是，細胞激素也擁有各種曖昧不清的功能。而這個曖昧性，卻是保持三大生物系統獨立性與關聯性的秘訣。藉著細胞激素平衡的跨越三大生物系統，能夠維持生物微妙的恒定性。

●**白細胞介素**
淋巴球所產生的細胞激素的正式名稱

●**單核細胞激素**
細胞激素中，由單核細胞所製造出來者。

●**腎上腺皮質激素**
由腎上腺製造出來的激素。類固醇激素。

細胞激素的作用

細胞激素平衡的誇越三大系統，才能夠維持生物的恒定性。

總而言之，想要過著受到免疫力保護的健康生活，就要擁有精神穩定的生活。

光是一個免疫系統，就相當的複雜，這就是建立在微妙的平衡上，生物藉著神經系統、荷爾蒙系統等複雜系統的關聯性，在絕妙的平衡下來維持生物系統，順暢的進行生命活動，這的確令人嘖嘖稱奇。

金納發現種痘
巴斯德發現沒有第二次現象
貝林格和北里柴三郎發現抗毒素
梅契尼可夫發現貪食細胞
伯納特的選殖說
亞尼的網際網路說
利根川進在基因階段解析抗體的多樣性
本庶佑在基因階段解析抗體種類的變化
凱勒和米爾休塔因是單株抗體的生父
基因組時代的免疫學
日本能夠成為免疫研究的聖地嗎？

Part 4

從歷史上看生物防禦構造的發現

1 金納發現種痘

⊙天花是昔日的疾病嗎？

天花會因為空氣感染而具有強大的傳染力，是死亡率極高的可怕傳染病。看日本的歷史，最著名的就是，具有外戚勢力的藤原不比等之子藤原四兄弟因為天花而相繼過世。此外，德川三代將軍家光因為罹患天花而瀕臨死亡，幸好奶媽阿福不遺餘力照顧而救回一命，後來阿福得到家光的信任，成為春日局，在後宮擁有絕對的地位。由此可知，當時對於權力者而言，天花是相當可怕的疾病。

傳染力極強的天花，和在世界上發揮威力的黑死病一樣，都是非常可怕的傳染病。筆者在孩提時代，每個孩子都有接種牛痘的義務，兩隻手臂都留有種痘的疤痕。稍微年長者，可能有四個痘疤，而較年輕的一代，大概只有一個痘疤。只看痘疤，就可以推測出年紀了。

根據一九七七年WHO（世界衛生組織）提出的報告，天花已經在地球上絕跡了。現在，天花可以說是昔日的疾病，孩子們的手臂上再也看不到種痘的痕跡了。一種疾病能夠從地球上消失，這是頭一遭

●**藤原四兄弟**　藤原不比等之子武智麻呂、房前、宇合、麻呂。四個人都因為感染天花而相繼過世。

●**WHO**　World Health Organization。即世界衛生組織。一九四八年成立，是與保健有關的聯合國專門機構。

的事情，也是醫學上劃時代的大事。這都是拜金納發現種痘之賜。

●**金納**　十八～十九世紀英國的醫師。種痘的發現者。

⊙天花因為發現種痘而遭到撲滅

英國醫師E．金納在一七九六年發現種痘。而在五十年後的一八五○年左右，才知道傳染病是由細菌、病毒等的病原性微生物所造成的。當然，當時完全不知道牛痘或天花是如何產生的。

金納醫師對於傳說罹患牛痘（牛所罹患的傳染病，雖然也會感染人類，但症狀不像天花那麼嚴重）的擠乳婦女不會得天花的說法深感興趣，經由研究，發現將採自罹患牛痘的擠乳婦女手上的牛痘種接種在八歲少年的身上後，即使再接種人類的天花，也不會感染天花。

現在回想起來，雖然這的確是很不人道的人體實驗，不過，金納的這項發現，卻成爲預防接種及疫苗的先驅研究，被評價爲現代預防醫學的先驅。在金納發現種痘經過約二百年後，天花這種疾病終於從地球上消失。

⊙種痘能夠預防天花的構造

在金納的時代，完全不知道天花是如何發病的，而爲什麼感染牛痘能夠預防天花，在稍後將要說明的**巴斯德**之後才知道其構造。在此簡單探討種痘能夠預防感染天花的構造。

天花是天花病毒感染人類而引起的疾病。牛痘是牛痘病毒感染牛而引起的疾病。天花病毒與牛痘病毒當然是不同的病毒，但卻有如親子或兄弟一般，是十分類似的病毒。因此，牛痘病毒也會感染人類而引起疾病，但是病情不像天花那麼嚴重。

天花病毒和牛痘病毒是非常類似的病毒，有些差異，但又具有共通的性質。

牛痘病毒感染人類，對人類而言，因爲是異物（異己），因此，生物防禦構造會認識牛痘病毒的特徵（抗原），並動員抗體或**殺手T細胞**加以殲滅、排除，同時正確記錄（記憶）牛痘病毒的特徵。

於是，具有和牛痘病毒一樣共通性質（抗原）的天花病毒感染人體時，基於記錄（記憶），人體內會立刻動員抗體或殺手T細胞等，在天花發病之前就擊潰天花病毒。

⊙免疫系統與天花的關係

免疫系統的特徵，就是擁有極高的特異性。也許你會問：「爲什

●巴斯德
十九世紀法國的化學、細菌學家。

●殺手T細胞
→參考一三八頁

麼無法區分牛痘病毒和天花病毒呢？」這是因爲免疫系統還擁有多樣性這個特徵。

特異性較高，只能夠針對特定的敵人發揮強大的力量，但是，也可能會忽略臉形有些相像的敵人。爲了捕捉這種漏洞，免疫系統會事先備妥各種特異性武器，做好萬全的準備，保護生物免於受到任何敵人的攻擊。

如果有必要，免疫系統會準備能夠辨識牛痘病毒與天花病毒兩者的特攻隊，而在沒有必要時，也準備了能夠將牛痘病毒和天花病毒總括爲一類而加以對抗的特攻隊。

2 巴斯德發現沒有第二次現象

⊙疫苗的由來

法國的化學家、細菌學家L．巴斯德，證明了發酵或腐爛是微生物所造成的。此外，微生物並非無中生有（自然發生說），而是和其他生物一樣，是由微生物的父母微生物所產生。另外，也發明了防止葡萄酒腐爛的方法**間歇殺菌法**，被視爲細菌學之父。同時，巴斯德又發現蠶流行病及羊的**炭疽病**等也是微生物所引起，並在其研究過程中發現免疫療法。

一旦罹患感染症的動物，不會第二次罹患相同的感染症，亦即發現沒有「第二次現象」。這是在金納發現種痘後經過約一百年以後的事，所以，或許應該說是再度發現吧！

巴斯德由這個發現，成功的製造出狂犬病疫苗，進行預防接種，建立傳染病的預防和治療的基礎。因此，巴斯德被稱爲「近代醫學之父」。但是，巴斯德本人爲了對預防接種的先驅者金納表示敬意，於是利用預防接種與牛痘病毒的拉丁文來爲疫苗命名。

●**巴斯德**
十九世紀法國的化學、細菌學家。

●**自然發生說**
細菌等單細胞生物自然湧出的說法，但被巴斯德否定。

●**間歇殺菌法**
巴斯德發現的殺菌法，藉由反覆煮沸、冷卻殺死製造孢子的耐熱菌。

●**炭疽病**
因為炭疽菌而引起的感染症。感染力強，經由研究而被利用於生化武器上。

雖然不會出現第2次，不過……

3 貝林格和北里柴三郎發現抗毒素

⊙發現抗毒素的特異性

前面已經介紹過免疫系統的主力部隊，B細胞產生抗體（液性免疫）以及格殺勿論的殺手T細胞（細胞性免疫）的內容。

由金納發現，而由巴斯德再發現的疫苗療法，目前尚無法完全了解其構造。拜德國的R．科赫為師的日本留學生北里柴三郎以及同僚E．貝林格，使用白喉及破傷風的毒素進行研究。

在兔子的體內注射白喉菌的毒素，兔子會死亡，但如果事先為兔子注射抑制毒性的白喉毒素，則即使注射毒性較強的白喉毒素，兔子也不會死亡。

將事先為了抑制毒性而注射白喉毒素的兔子血清，注射到未進行其他任何處置的兔子體內，則即使投與毒性較強的白喉毒素，兔子也不會死。也就是說，發現血清中存在著能夠中和白喉毒素的無毒化物質。

此外，也發現對付白喉的抗毒素只對中和白喉毒素有效，而對於

●R．科赫

德國的細菌學家、醫學家。為近代細菌學之父。發現結核菌、炭疽菌，於一九〇五年獲頒諾貝爾生理醫學獎。

●北里柴三郎

細菌學家、醫學家。科赫的弟子。發現霍亂弧菌、鼠疫桿菌。此外，基於抗毒素的研究，發現了白喉與破傷風的血清療法。

●E．貝林格

是德國的細菌學家。科赫的弟子，和北里柴三郎共同發現白喉、破傷風的血清療法。一九〇一年獲頒第一屆諾貝爾生理醫學獎。

一旦形成抗體……

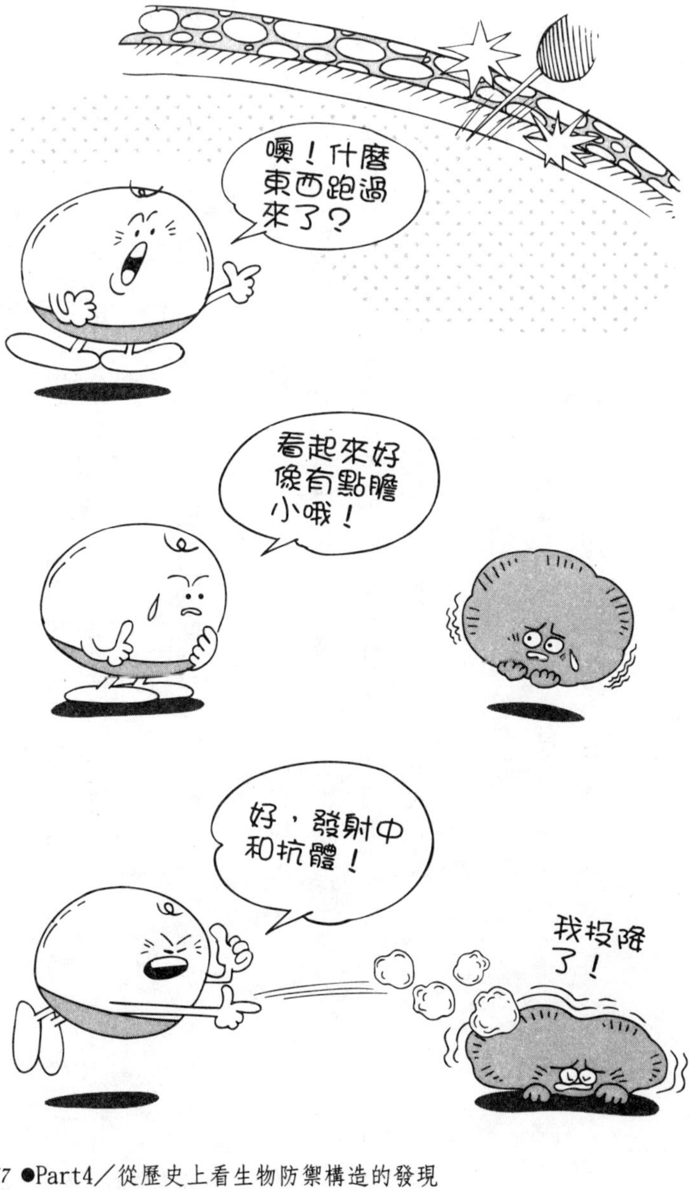

其他毒素的中和則無效，亦即發現抗毒素的特異性。

⊙北里柴三郎留下的豐功偉業

基於這個發現，大量生產白喉和破傷風的抗血清，這讓當時的醫學公會受到相當大的震撼。相信大家都知道，這個抗毒素就是抗體，也就是確立血清療法的瞬間。

直到現在，使用抗血清的療法仍然是對破傷風、肉毒桿菌、蛇毒等有效的治療法，讓無數感染症患者重生。

貝林格因爲發現抗毒素的成就，而在一九〇一年得到第一屆諾貝爾生理醫學獎。但遺憾的是，共同研究者日本的北里柴三郎卻未獲頒這個獎項。事實上，北里早在出國留學的前一年，就在日本著手準備進行關於抗毒素存在的實驗。北里理當獲頒諾貝爾獎，至少應該和貝林格一起榮獲獎項。

對於有志於從事學術研究的人來說，得到諾貝爾獎可說是最高的榮譽。當然，只有擁有優秀學問之士、締造豐功偉業的人才有資格得獎。但是，沒有得到獎項的人之中，也有不少學者其所留下的業績足以和那些得獎者相匹敵。

北里柴三郎回國後，擔任傳染病研究所所長、慶應義塾大學首任

一旦發現了抗體……

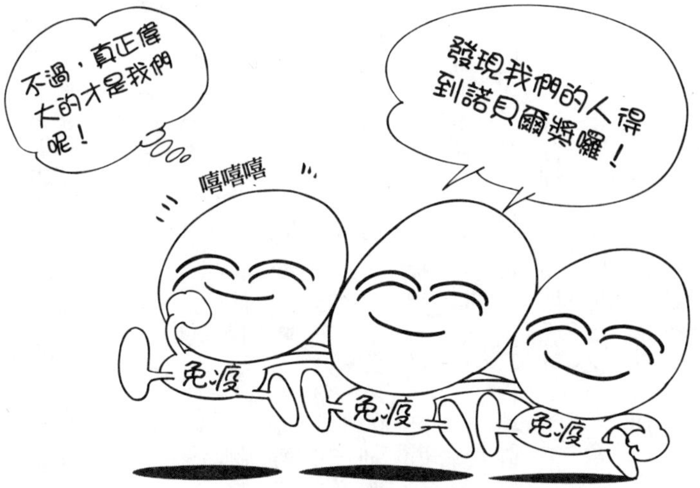

醫學部長等職務。後來，自己出資設立北里研究所，培育了包括後來發現赤痢菌的志賀潔等在內等許多弟子，對於日本醫學的進步貢獻良多。

此外，在香港流行鼠疫期間，也親自參與調查，發現了**鼠疫桿菌**。

北里柴三郎所設立的北里研究所及該校北里大學，目前仍是日本醫學研究、治療中心之一。

●**鼠疫桿菌**　鼠疫這種傳染病的病原菌。以老鼠為媒介而流行。由北里柴三郎所發現。

4 梅契尼可夫發現貪食細胞

巨噬細胞等的貪食細胞捕食異物並進行抗原反應，這就是使B細胞產生抗體（液性免疫）、使殺手T細胞殲滅細胞（細胞性免疫）等而讓免疫主力特攻隊出動的訊號，對於發動免疫系統而言非常重要。

⊙貪食細胞的作用

在法國人巴斯德研究所擔任研究員的俄羅斯人生物學家E・**梅契尼可夫**，發現海星的幼蟲一旦被玫瑰的刺刺中時，在體內來回活動的細胞會緊集在玫瑰刺周圍加以吞噬。時間是一八八三年，和貝林格與北里發現抗毒素幾乎是同一時期。

梅契尼可夫基於這個觀察，認爲**排除異物**這種生物防禦構造的基本，就是藉著貪食細胞吞噬掉異物。後來使用海星、海綿、海鞘等做移植實驗，發現對自己或同種株之間不會產生吞噬作用，只有異種株之間才會發生吞噬作用。這很明顯的證明有認識自己或異己的作用。

梅契尼可夫因爲發現這個貪食作用，而於一九〇八年榮獲諾貝爾生理醫學獎。

●**梅契尼可夫**　俄羅斯的細菌學家、生物學家。是食細胞說的提倡者。一九〇八年得到諾貝爾生理醫學獎。

●**排除異物**　將侵入體內的異物（異己）從體內加以排除。

巨噬細胞是雜食性細胞嗎？

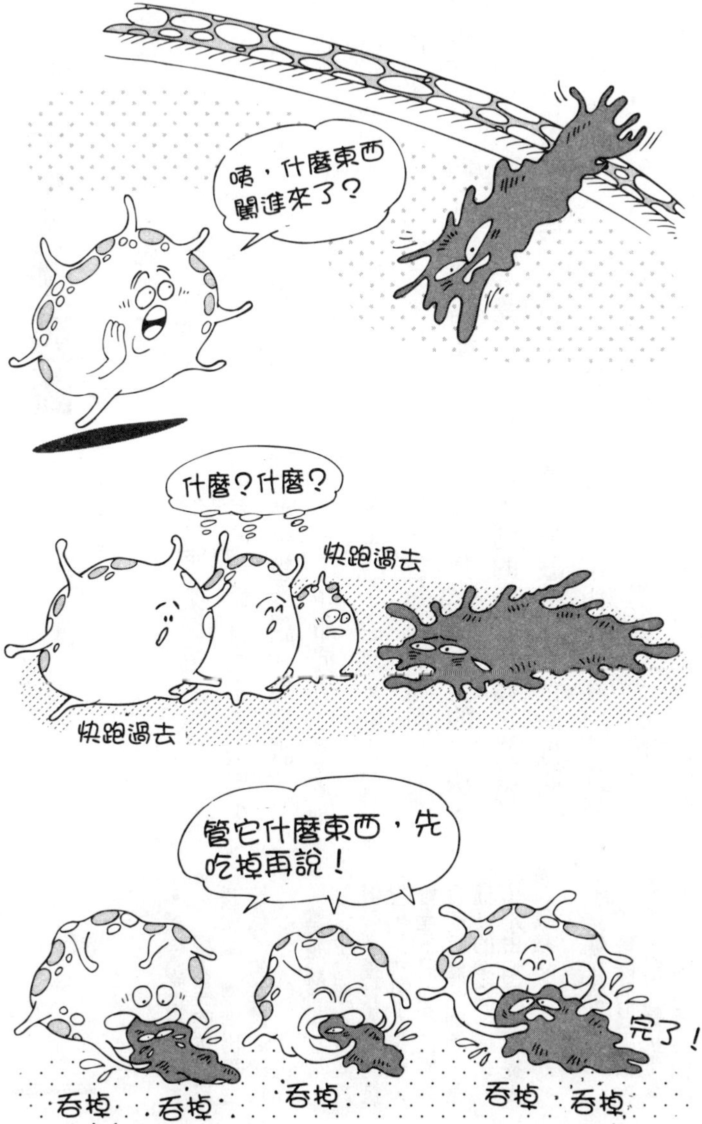

5 伯納特的選殖說

⊙「指令說」與「選殖說」

雖說存在著幾兆種不同特異性的抗體，但是當某種抗原（敵人）入侵時，爲何只有能夠與此抗原（敵人）結合的抗體會大量製造出來呢？其構造至今依然成謎。有力的說法之一就是**指令說**（**模型說**）。也就是抗原成爲模型，製造出與抗原結合的抗體，亦即抗體是接受抗原的指令而製造出來的。如果這種指令說（模型說）成立，則入侵的抗原成爲模型，製造出與其結合的抗體，那麼，就算抗原數目具有多樣性也不足爲奇。因此，長期以來，這也被視爲最具說服力的說法。

另一說則是，生物原本就準備了特異性不同的所有抗體，當某種抗原入侵時，藉著某種機制而只大量生產能夠與該抗原結合的抗體，也就是所謂的**選殖說**。而此說在更早的一九〇〇年代初期就由**艾爾利希**所提出。但是能夠發現和任何的抗原產生反應而與其結合的抗體，且種類這麼多，而體內也備妥所有的抗體，這種說法似乎令人難以置信。因此，後來被前述的指令說所取代。

- **指令說(模型說)**
  讓入侵的抗原成為模型，製造出適合該抗原的抗體之說。
- **選殖說**
  生物原本就具備擁有多種特異性的抗體，當抗原入侵時，會產生只與該抗原結合的抗體B細胞，選擇性的增殖、活化。這是由伯納特所提出的說法。
- **艾爾利希**
  德國的醫學家、細菌學家。是抗毒素測定法、殺錐蟲劑（Trypanocide，對於

何謂「選殖說」？

生物體原本就具有1兆種以上的抗體。當抗原入侵體內時，B細胞只會增殖、生產適合該抗原的抗體，中和抗原。

⊙得到諾貝爾生理醫學獎的伯納特的成就

在此，藉由一些經常使用的例子來說明指令說與選殖說。以買衣服為例，在幾兆種成衣中選出適合自己的衣服，這就是選殖說。而到服裝店量身訂做適合自己的衣服，這就是指令說（模型說）。與其為了配合適合所有的體型及喜好的人而經常準備好幾兆種的成衣，還不如以客人為模型，製造出完全合身的衣服，這種做法較為實際。

提倡與長時間採用指令說不同說法，而再度注意到選殖說的就是**亞尼**，但是，澳洲的醫學家**F．伯納特**，早在一九五七年就將其整理為書發表出來。認為抗體基因具有許多的變異，一種B細胞只能夠產生與受體具有特異性的一種抗體。

後來，基於遺傳學、細胞學的成就，今日認為，只有選殖說才是能夠說明抗體特異性與多樣性的唯一說法。

伯納特因為這項與免疫有關的成就，得到諾貝爾生理、醫學獎。關於基因階段抗體多樣性的解析，則由稍後即將詳述的日本**利根川進**博士加以闡明。

錐蟲有效的藥劑）、洒爾佛散（Salvar-san，對於螺旋體有效的藥劑）的發現者。一九〇八年得到諾貝爾生理醫學獎。

•亞尼

丹麥的免疫學家。發現「一種淋巴球只能製造出一種抗體」的原理。此外，也是特異型抗體作用網（Idiotype network）說的提倡者。一九八四年得到諾貝爾生理醫學獎。

•伯納特

澳洲的醫學家。選殖說的提倡者。一九六〇年得到諾貝爾生理醫學獎。

「指令說」是指量身訂做嗎？

當抗原入侵時，會製造出適合該抗原的抗體

從許多衣服中選擇適合自己的衣服。換言之，一開始就準備好了衣服（抗體）

6 亞尼的網際網路說

⊙「特異位」與「抗特異型抗體」

根據伯納特的選殖說，生物預先存在著能夠產生對付所有抗原的抗體的B細胞。當某種抗原入侵生物時，只有擁有能與該抗原結合的抗體分子可以成爲受體的B細胞，藉著其受體與抗原結合的刺激，增殖、分化變成漿細胞（形質細胞），其結果，就可以大量生產出與受體具有相同特異性的抗體，排除入侵的抗原（異物）。

但是，排出敵人後，如果持續製造出對付敵人的抗體，則就效率面或生物恒定性維持面來看，都會造成問題。那麼，生物是如何讓一旦活化的抗體生產沈靜化呢？

免疫系統不會與自身抗原反應。這是因爲在胎兒期和新生兒期的階段，會與大量存在的自身抗原產生反應的株（細胞）已經被排除。而自己的B細胞所製造出來的抗體分子（蛋白）是自身抗原，因此，免疫系統不會認爲這是異物（**自身耐受性**，self-tolerance）。

但是，對於某種特定抗原具有特異性的抗體，就算是自己的分子

●**自身耐受性**　免疫系不會和自身蛋白、細胞、組織產生反應。

特異位與抗特異型抗體

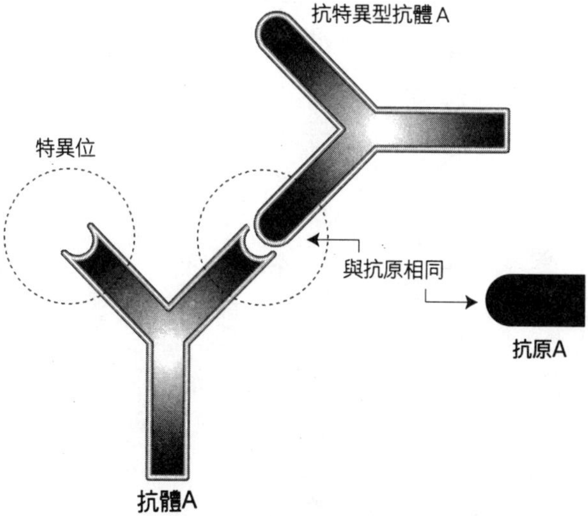

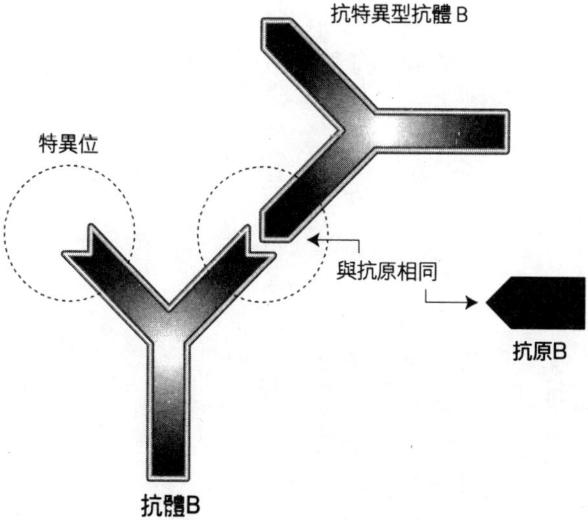

也會認爲這是異物（抗原）。

抗體分子是藉著Ｆａｂ的Ｙ字尖端部分與抗原結合。抗體的特異性，就是由這個部分決定的。換言之，即使是相同的抗體分子（蛋白），其尖端部分的構造（氨基酸序列及立體構造），因抗體的不同而全都不同。雖是自身抗原，但是通常每個抗體分子的量非常少，所以在胎兒期、新生兒期，只有與不被視爲是自身抗原的尖端部分結合的抗體爲受體的Ｂ細胞，才不會被排除而能夠殘存下來。

因此，當抗原入侵生物，而必須大量生產對付該抗原的特異抗體時，就會生產認識其特異抗體尖端部分的抗體。對於自身抗原會產生抗體，這是罕見的特例。成爲這種抗原的抗體分子的尖端部分，稱爲**特異位**（Idiotope，又名抗原特異性決定子），而與其對抗的抗體，則稱爲**抗特異型抗體**（Anti-idiotype 抗體）。

⊙何謂特異型抗體作用網？

當生物中存在某種抗原（異物）時，就會大量生產出對付該抗原的特異抗體。也就是說，會生產對付其特異抗體特異位的抗特異型抗體。

●特異位
通常免疫系統不會和自身蛋白產生反應，但是會將抗體的可變部視為抗原。成為抗體可變部的抗原的部位，就稱為特異位（抗原特異性決定子）。

●抗特異型抗體
認識特異位的抗體。

逐漸減弱的特異型抗體作用網

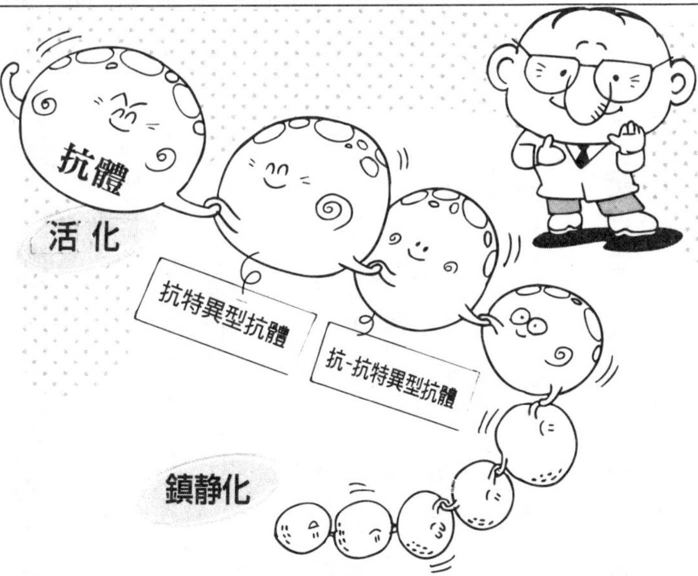

此外，也會產生對付這個抗特異型抗體特異位的抗-抗特異型抗體。所以，在生物內就好像「波濤」一般，陸續製造出特異型抗體。這就是N．亞尼所說的**特異型抗體作用網**(Idiotype network)。波紋距離中心越遠就越弱。同樣的，特異型抗體作用網的波紋也會逐漸變弱，最後結束，使得藉著某種抗原而活化的特異抗體的生產沈靜化。

●特異型抗體作用網

利用抗原致敏反應製造出抗體，同時製造出該抗體的抗特異型抗體，此外，也會再製造出這種抗特異型抗體的抗-抗特異型抗體，就好像網路一般的持續著，然後慢慢的使得抗原刺激沈靜化。這就是亞尼的說法。

7 利根川進在基因階段解析抗體的多樣性

⊙謎般的抗體基因

貝林格和北里柴三郎發現抗體（抗毒素）是分子量十五萬的巨大蛋白分子。而在發現抗毒素超過五十年後的一九六〇年，波塔和耶迪爾曼確立其構造。

「一基因一蛋白」，即一個蛋白一定是以一個基因爲設計圖，這是生物學的中心法則。就中心法則來看，製造擁有數兆種不同特異性的抗體（蛋白），需要與其相同數目的基因。解析人類基因組至今，已知的人類基因數目爲三萬數千個。原本推估人類的基因數約僅十萬個。總之，數兆種抗體的基因依然成謎。

不過，日本的利根川進博士卻在基因階段開始解析這個謎團。

⊙日本首位獲得諾貝爾生理醫學獎的利根川進博士的成就

利根川博士，在瑞士的巴塞爾研究所進行胎兒鼠的B細胞基因，與產生一種抗體的成熟鼠其癌化B細胞基因的比較。結果發現，還無

•波塔
英國化學家。與耶迪爾曼共同確立抗體的分子構造。一九六七年，獲頒諾貝爾化學獎。

•耶迪爾曼
英國的化學家。與波塔共同確立抗體的分子構造。

•中心法則
一九五八年，克里克提倡「一個蛋白是由一個基因（DNA）透過一個RNA製造出來」的生物學根本原理。

•人類基因組
為人類整套的生物基因，是人類的設計圖。

利用卡片的組合重組基因

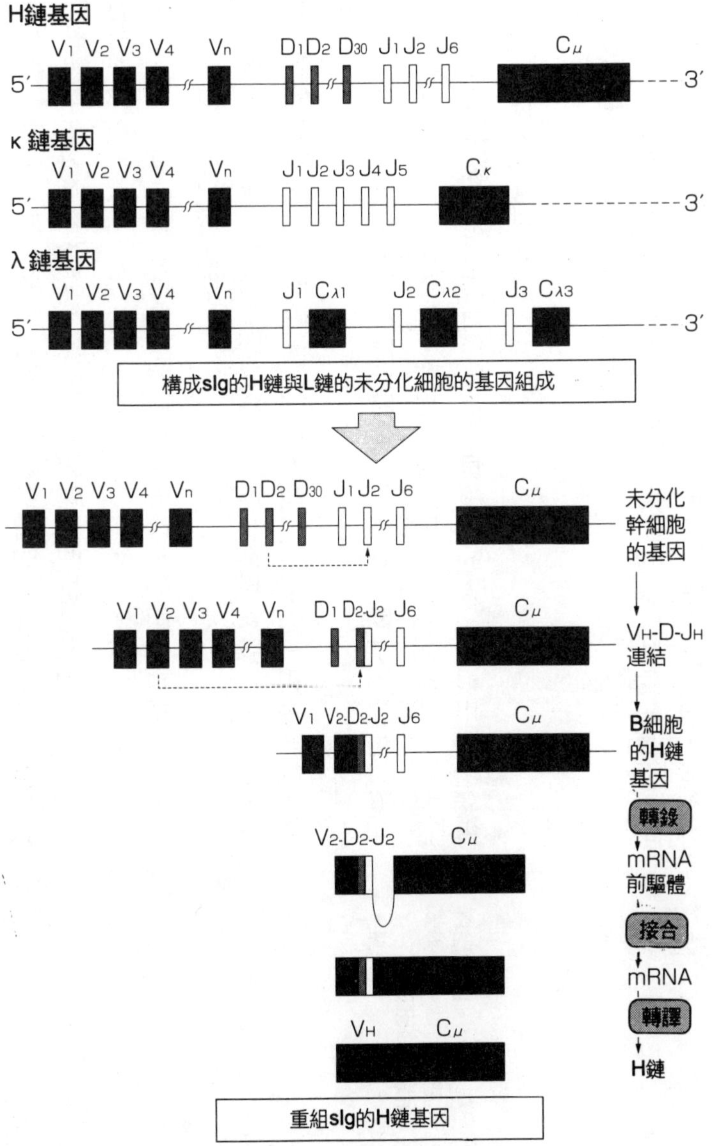

法產生蛋白抗體分子的未成熟胎兒鼠，其抗體的Fab部分的基因以片段的形態存在，而會產生一種抗體的成熟鼠的抗體基因，則以一列序列的形態存在。

換言之，一個抗體是藉著基因片段（卡片）的組合再構成（於PART3，第九節已經說明）。

這項發現不僅解開抗體基因之謎，同時也解開多達一兆種具有多樣性的抗體能夠製造出來的謎團，亦即推翻「一基因一蛋白」的中心法則。

後來，T．馬克和利根川博士發現，T細胞受體基因也可以應用基因重組的原理。一九八七年，利根川博士因爲這項研究成果而獲頒諾貝爾生理醫學獎，是日本首位獲得諾貝爾獎的人。利根川博士獨得這個獎項，偉大的成就可見一斑。

●馬克
美國的免疫遺傳學家，發現T細胞受體的基因。

⊙人類的基因數是果蠅的二倍嗎？

根據最近解讀基因組的結果，發現「人類的基因數約三萬五千至四萬個，僅爲果蠅的二倍多」。生物藉著基因片段的再架構，能夠得到一兆多種的蛋白，因此，以基因組基因的數目判定是高等或低等動

基因的組合決定抗體的性質

物根本毫無意義。

人類的基因組（設計圖）是由三十億個鹼基配對（三十億個文字）構成的，其中轉譯成蛋白的基因只有二、三％，剩餘的九七％到底是什麼還不得而知。

8 本庶佑在基因階段解析抗體種類的變化

⊙本庶佑教授在基因階段解析抗體種類的多樣性

在基因階段解析抗體的抗原結合部分（Fab）多樣性（基因的再組成）的，是日本的利根川博士，而在基因階段解析抗體種類（Fc部分）多樣性的則是日本的**本庶佑**教授。於PART3的第十節已稍作說明。

抗體是由二條H鏈（長鏈）與二條L鏈（短鏈）構成的，呈Y字型，為分子量超過十五萬的大型蛋白分子。H鏈和L鏈構成Y字型的二個尖端部（Fab），亦即與抗原結合的部分。Fab具有會因為稱為**可變區**的抗體而改變氨基酸序列的區域，而其差異就決定了抗體的特異性。

利根川博士所發現的基因的再組成維持這種多樣性。Y字的根部稱為**固定部**（Fc），由二條H鏈構成，會依抗體的種類（IgM、IgG、IgA、IgD、IgE）的不同而有不同。抗體其推進力或大小不同的火箭（Fc部分）頭，只要換插搜索不同目標的誘導感

●**可變區**
抗體的Fab片段的抗原結合部位的高變異部位。

●**固定部**
抗體的Fc片段

應器（Fab部分），就能夠搜索各種敵人（異物）。

H鏈的Fc部分的基因，在Fab的VDJ下游，依序排列爲Cμ、Cδ、Cγ3、Cγ1、Cα1、Cγ2、Cγ4、Cε、Cα2。而Cμ、Cδ、Cγ3、Cγ1、Cα1、Cγ2、Cγ4、Cε、Cα2則是IgM、IgD、IgG3、IgG1、IgA、IgG2、IgG4、IgE、IgA2的設計圖名稱。

因此，飛彈誘導感應器（Fab）會連接不同的火箭（Fc），形成各種設計圖。Cμ是由Cμ1、Cμ2、Cμ3、Cμ4、S、M這六個**表面序列**（exon，又名正基因）與其間的**內子**（intron，又名間斷基因）所構成的。

轉錄爲蛋白（抗體）時，內子**切除**（splicing），形成Fab與Cμ1－Cμ2－Cμ3－Cμ4－M的mRNA，再與轉譯B細胞的膜結合，製造出成爲天線的sIg（**表面免疫球蛋白**）。

B細胞的細胞表面則有Fab規定的具不同特異性的sIg。

⊙何謂「類別轉換」？

抗原（敵人）入侵時，只有具特異的Fab的B細胞才能與該抗

•表面序列

轉譯成基因DNA上蛋白的部分。又名正基因。

•內子

是未轉譯成基因DNA上的蛋白，透過切除而被捨棄的部分。又名間斷基因。

•切除

由DNA轉錄RNA之後，切除內子部分，只留下表面序列，形成mRNA。

•表面免疫球蛋白

B細胞表面具有天線作用的抗體分子

原結合，形成一種訊息。B細胞會分化爲漿細胞，而在分化過程中，使用最上游的Cμ1-Cμ2-Cμ3-Cμ4-S，產生分泌型的IgM抗體。這時，Fab仍會維持抗原特異性，這就是感染初期IgM較多的原因。

抗原入侵（感染）一段時間之後，會開始使用Cγ等下游的基因（設計圖），產生IgG、IgA、IgE等各類抗體，而Fab同樣具有抗原特異性。

像這種特異性相同但Fc部分能夠形成各種抗體的構造，就稱爲「類別轉換（Class switch）」。大阪大學的本庶佑教授（現任教於京都大學）在基因階段詳細研究這些構造。

⊙基因片段的再構成與類別轉換

根據研究，Cδ之外的Fc基因前具有稱爲S區域的鹼基序列。S區域中的同伴容易互相結合。

例如，Cγ1前的S區域與Cμ前的S區域結合時，存在其間的Cμ、Cδ、Cγ3個部分會形成鏈。接著，切除鏈的部分，就能直接連結Fab與Cγ1，產生IgG1抗體。當然，也可以利用這種

●**鹼基序列**
DNA上四種鹼基的排列方式。文字序列。

抗體的類別轉換構造

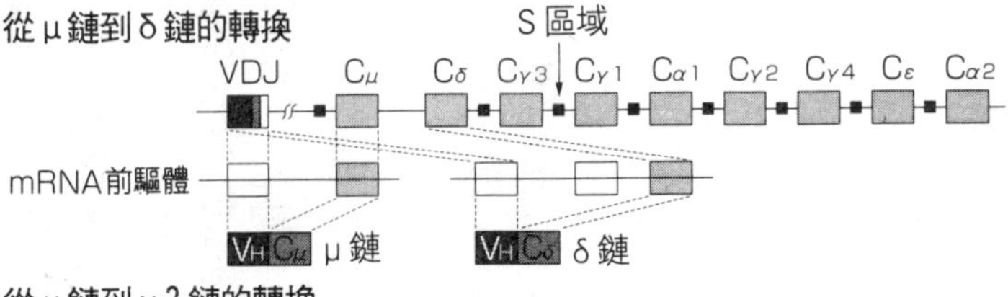

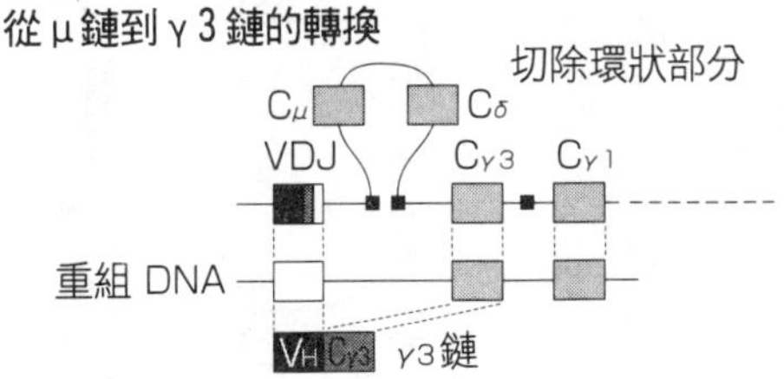

從μ鏈到δ鏈的類別轉換是藉著RNA切除作用，但是其他的類別或細分類的H鏈的類別轉換，則是藉著重組DNA而形成的。

方式產生其他類別的抗體。

不過，若是前面沒有S區域的Cδ，就會產生Fab－Cμ－Cδ的mRNA前驅體。藉著切除正中央的Cμ部分，形成Fab－Cδ的mRNA，再轉譯成IgD類的抗體。這就是血清中IgD抗體的量相當少的理由。

利用基因片段的再構成與類別轉換的方法，能夠使少量基因製造出無限多種的抗體分子。

這二種構造都是由日本研究者分析出來的。

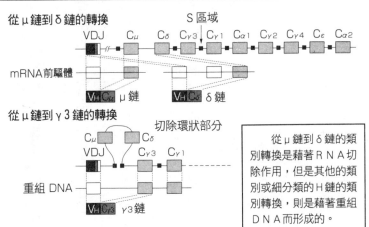

9 凱勒和米爾休塔因是單株抗體的生父

⊙雖是以相同的抗原得到免疫作用，但是抗血清會依個體的不同而出現微妙差異

生物必須準備一兆個以上具有不同特異性的抗體（基因的再構成）以防禦敵人的攻擊。

當異己抗原（敵人）入侵生物時，只有擁有如天線般對該抗原具有特異性的抗體分子的B細胞會增殖分化（選殖），形成漿細胞，並大量生成與天線具有相同特異性的抗體分子。經過一段時間後，B細胞內會產生類別轉換，製造IgM、IgG等各種抗體。換言之，一種特異性可以製造出各種類別的抗體。

細胞遇到單純蛋白分子的抗原時，通常一個分子上會有數個與抗體結合的部位（稱爲抗原決定基）。

然而，當純粹蛋白分子形成異物入侵時，生物就會產生與該分子的抗原決定基數目相同而具不同特異性的各類抗體，所以，因爲某種抗原而免疫的動物的抗血清，會摻雜許多抗體的混合物（多株抗體

•選殖
↓參考一六二頁

pol-yclonal antibodies），而且基因的重組或類別轉換也具有符合個體的組合。因此，即使是以相同的抗原而得到免疫，但是，其抗血清也會因個體的不同而出現微妙的差距。

一般而言，治療藥通常是用牛等大型動物的抗血清，但是，一頭牛所能採集到的量有限，無法另外取得相同品質的抗血清（稱爲**批差**），所以很難當成醫藥品。

取出只能產生一種抗體的漿細胞進行培養增殖，就可以大量生產一種抗體，但卻無法培養增殖漿細胞。

⊙何謂「單株抗體」？

一九七五年，**凱勒**和**米爾休塔因**將漿細胞及漿細胞癌化的細胞株進行細胞融合，確立了大量生產一種抗體的方法，並將細胞融合瘤命名爲融合瘤（hybridoma），而生產的一種抗體則稱爲**單株抗體**。

雖然漿細胞能夠生產一種抗體，但其本身卻無法培養增殖。另方面，只要以人工的方式培養漿細胞癌化的細胞株，就能無限量增殖。

凱勒和米爾休塔因利用癌化漿細胞株製造完全無法產生抗體的變異株，再加上存在於免疫鼠脾臟中的漿細胞，做成融合劑**聚乙二醇**（

●**批差**
各生產單位的品質差異。

●**凱勒**
↓參考一三一頁

●**米爾休塔因**
↓參考一三一頁

●**單株抗體**
利用融合瘤法所製造出來的同一種抗體。

●**聚乙二醇**
PEG。細胞融合等所使用的高分子化合物。

polyethylene glycol，簡稱PEG），進行細胞融合，結果，成功的製造出能夠持續以人工方式進行培養增殖、對於免疫源產生特異作用的一種抗體（單株抗體）的融合瘤。

抗血清是各種抗體的混合物，但是，只能夠製造出動物個體的血清量，不過，單株抗體則是均勻的一種抗體，只要培養融合瘤，則可以隨時供應所需，有助於研究或醫療。

⊙對人體投與老鼠單株抗體時會發生何種情況？

老鼠是主要的實驗動物，所以大部分的單株抗體都取自於老鼠。只要少量的抗原就能得到免疫作用，而且擁有融合率極高、母株優良的細胞株（癌化的B細胞株）。

不過，對人體而言，老鼠的抗體是異物。對人體投與老鼠單株抗體時，會立刻形成抗老鼠抗體，將其中和排除。這時，可以將抗老鼠抗體的Fc部分換插成人類Fc部分的**人鼠嵌合性抗體**，以及將Fab的可變區域（CDR）更換為人類型的人類化抗體等。利用基因工學操作改變單株抗體，稱為抗體工學。

總之，凱勒和米爾休塔因所發明的融合瘤製作技術，讓人類得到

●**人鼠嵌合性抗體**
即利用基因工學等，將老鼠抗體的Fc部分換插成人類抗體的Fc的抗體。

多株抗體與單株抗體

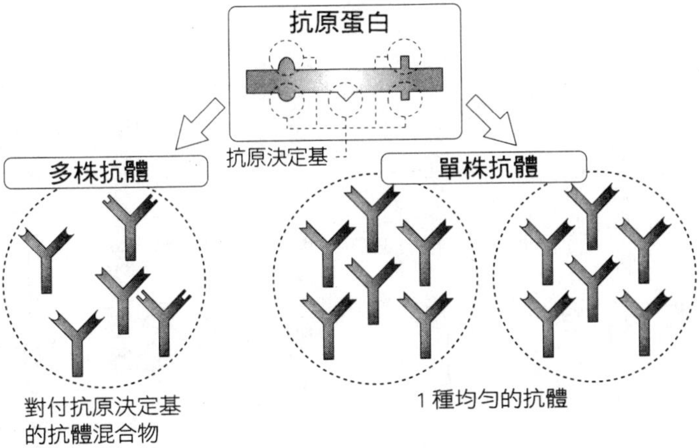

了生物防禦所需的最大武器抗體，可謂劃時代的發明。

現在，利用融合瘤法製成的單株抗體，以及利用抗體工學製成的嵌合性抗體（chimeras Ab）、人類化抗體（humanized Ab），已經被當成抗體醫藥，應用於治療癌症等疾病上，像市面上就販售多種乳癌治療藥，而目前還有許多抗體醫藥正在研發中。

10 基因組時代的免疫學

⊙不能光靠基因組決定免疫反應

與免疫系統有關的HLA等細胞表面標幟、受體、抗體、細胞激素等分子都是蛋白，會形成生物設計圖基因組訊息而寫在DNA上，所以，在解讀人類全基因組之後，只要研究基因組，就可以發現新的細胞激素或受體等，同時還能解析個人免疫學的特性，治療自身免疫疾病等難治疾病。

換言之，像同卵雙胞胎或複製人等具有相同基因組、相同基因的人，在免疫學上應該也擁有相同的特性。

然而，實際上並非如此，因爲像抗體或T細胞受體等，都是經過基因再構成而形成的，亦即卡片的組合。

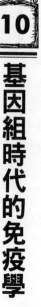

即使是相同的撲克牌，也不一定會有相同的組合，撲克牌遊戲和占卜就是基於這個條件而成立的。相同的基因片段，可能會出現不同的組合，形成各種抗體或T細胞受體。

此外，因爲免疫而殘留過去的記憶（記錄），一旦再次遭遇相同

卡片的各種組合方式決定形成何種抗體

的病原體或抗原時，則基於這個記錄，可以立刻採取反擊行動。換言之，免疫應答性不只是基因訊息，同時也受到該個體過去歷史的影響。

同卵雙胞胎中，可能一人罹患痲疹，一人沒有，那麼等到下次流行痲疹時，得過痲疹的人不會感染，而另一人可能會罹患痲疹。

亦即雖然腦擁有相同的基因訊息，但是基於個體以前的經驗，形成的神經網絡就會不同。因此，就算是擁有相同基因的同卵雙胞胎或複製人，其免疫學的特性還是各有不同。

11 日本能夠成為免疫研究的聖地嗎？

⊙日本研究者締造的成就

北里柴三郎發現抗毒素，石坂公成發現過敏反應與IgE抗體的關係，利根川進在基因階段解析抗體的多樣性，本庶佑則解析抗體的類別轉換構造。在研究免疫的重要武器之一的抗體方面，日本人締造各種輝煌的成果。日本人對這個領域的貢獻，足以和湯川秀樹、朝永振一郎的理論物理學並駕齊驅。

此外，還有許多日本學者也締造重要的成果，例如，東京大學的長野泰一發現干擾素，大阪大學的山村雄一利用細菌細胞壁的成分發現免疫活化作用，濱岡利之等人解析T細胞-B細胞之間的相互作用（發現TRF：B細胞分化因子IL-5）以及T細胞與T細胞之間的訊息傳遞（crosstalk）構造，岸本忠三等人發現發炎性細胞激素IL-6，以及千葉大學的谷口克等人發現NKT細胞等。

雖然日本在生命科學方面的研究比歐美各國落後，但是，免疫學卻值得期待。

- **石坂公成**
  免疫學家。發現過敏與IgE抗體的關係。
- **湯川秀樹**
  理論物理學家。發現中子，於一九四九年獲頒諾貝爾物理學獎。
- **朝永振一郎**
  理論物理學家。提出超多時間理論，於一九六五年獲頒諾貝爾物理學獎。
- **長野泰一**
  免疫學家。發現干擾素。

在研究免疫方面，日本堪稱世界第一

現在，許多免疫系統疾病，被視爲不明原因的難治疾病，無法確立病因，甚至有許多人爲花粉症和氣喘等病症所苦。期盼免疫研究進步的日本，能夠儘快找出這些難治疾病的治療法。

最近，橫濱的理化研究所成立了免疫過敏科學綜合研究中心，希望在免疫學的研究上有突破性的發現。

- **山村雄一** 免疫醫學家。發現細胞壁的成分具有抗腫瘤效果。
- **免疫活化作用** 提高免疫力的作用。
- **濱岡利之** 免疫醫學家。大阪大學教授。研究遺傳支配對免疫應答的影響。
- **T細胞-B細胞之間的相互作用** 輔助T細胞如何傳遞訊息、命令給B細胞的構造。
- **岸本忠三** 免疫醫學家。大阪大學校長。發現IL-6。
- **谷口克** 免疫醫學家。千葉大學教授。發現NKT細胞。

花粉症與過敏反應
為什麼被蜜蜂螫到第二次會死亡？
為什麼不會二次感染麻疹？
天花的威脅再現？
利用血清療法治療蛇毒
結核菌是隱形人
難治疾病多為自身免疫疾病
糖尿病也是自身免疫疾病
肝炎是攻擊敵人的副產品
支氣管氣喘的複雜構造
ＡＩＤＳ是攻擊防衛軍本身的疾病
癌細胞是具有邪惡智慧的恐怖份子
為什麼會出現血型不合的情況？
最強的軍隊會隨著年齡的增長而衰弱
從生物防禦構造學到的智慧

Part 5

生物防禦構造與疾病

1 花粉症與過敏反應

⊙花粉症是一種過敏反應

對人類而言，春天是生意盎然的季節，但是，最近卻有許多人爲花粉症所苦，因而討厭春天的到來。

花粉症是杉木、檜木、美洲豚草等所引起。到底什麼是過敏反應呢？

⊙發生過敏反應的構造

過敏反應，是IgE類抗體對某種抗原產生作用，而引起的發炎反應。

一旦花粉附著於鼻黏膜、喉嚨、眼睛，身體發現異物入侵時，巨噬細胞會展開吞噬、消化行動，反應花粉上的抗原（過敏原）。接收抗原反應的輔助T細胞會分析抗原，命令對花粉抗原具有特異性的B細胞產生抗體。B細胞最先會產生IgM類抗體，中和花粉並加以去除，而透過**類別轉換**，陸續產生IgG類抗體。

• **類別轉換**
改變抗體類別的遺傳學的構造。

發生過敏反應的構造

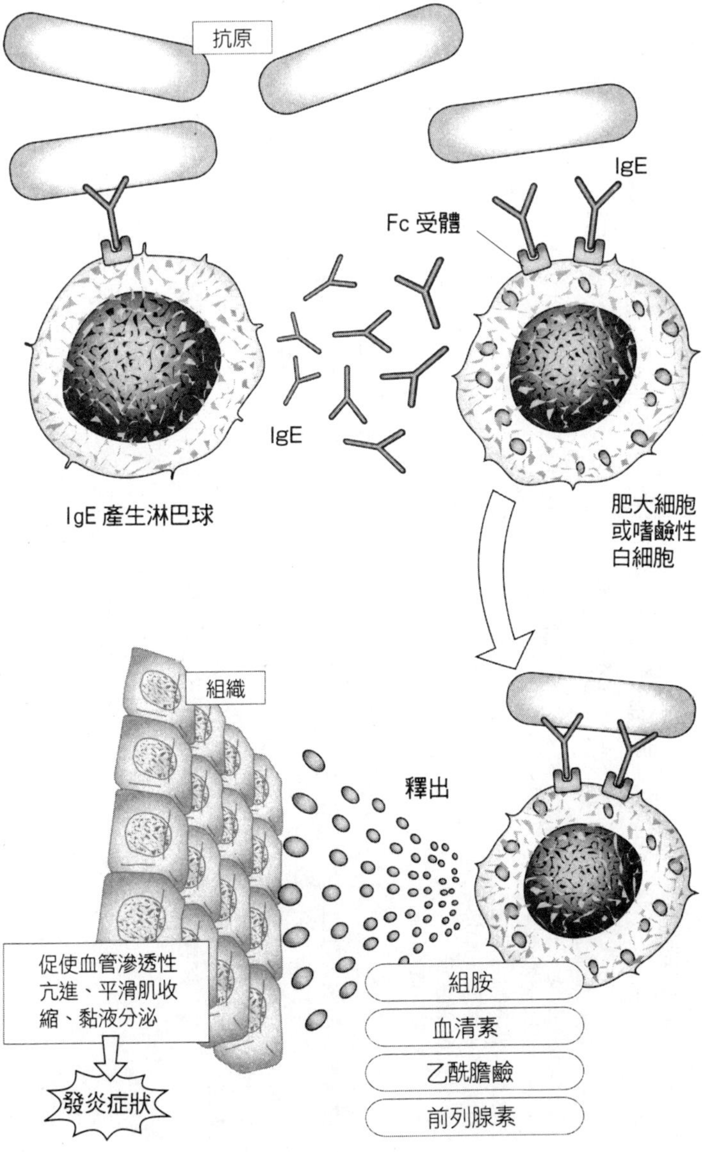
抗原
IgE
Fc 受體
IgE
IgE 產生淋巴球
肥大細胞
或嗜鹼性
白細胞
組織
釋出
促使血管滲透性
亢進、平滑肌收
縮、黏液分泌
發炎症狀
組胺
血清素
乙酰膽鹼
前列腺素

這時，有的人的體內會產生大量的IgE類抗體。IgE類抗體的Fc部分（Fc-ε）容易和肥大細胞結合。附著於肥大細胞的IgE抗體與抗原結合而形成架橋後，就會將訊息傳到肥大細胞內，使得肥大細胞出現去粒現象，釋出顆粒。

這些顆粒含有大量的組胺、無色三烯、血清素等發炎物質。釋出的組胺等發炎物質，會使周圍組織的血管滲透性亢進、血管的平滑肌收縮、白血球活化，引起發炎現象。

結果，造成紅腫、發癢和疼痛等症狀。以上就是花粉症過敏的發病構造。不過，爲什麼有的人的體內會大量產生IgE抗體，原因到目前還不得而知。

⊙治療過敏的藥物

一九七〇年代，石坂公成發現過敏與IgE抗體的關係。石坂將IgE抗體注射到自己的背部，藉此來分析IgE類抗體與過敏的關係。而與IgE抗體有關的過敏，稱爲I型過敏（即時型過敏，immediate-type allergy）。

利用抑制發炎物質組胺等的抗組胺劑，可以治療花粉症。最近，

•組胺

肥大細胞、粒細胞的顆粒中所含的血管作動性胺，會藉著去粒作用而釋出，是引起發炎症狀的過敏反應原因物質。

•無色三烯

與組胺同樣存在於肥大細胞、粒細胞中的血管作動性物質，會藉著去粒作用而釋出，是引起發炎症狀的過敏反應原因物質之一。

•血清素

粒細胞等釋出的發炎症狀物質之一。

花粉症也是一種過敏反應

則廣泛使用**無色三烯拮抗抑制劑**。許多學者致力於抗IgE抗體和IgE片段的研究，希望能夠發現中和IgE抗體的方法。此外，還嘗試投與大量過敏原以引發免疫耐容性(immune tolerance)的脫敏療法。

即使型過敏是IgE抗體所引起的免疫現象，但是關於其發病，目前已知與大氣汙染等也有關，所以環保也是刻不容緩的議題。

●**無色三烯拮抗抑制劑**　抑制發炎症狀物質無色三烯與無色三烯受體結合的藥劑。應用於治療氣喘等方面。

2 為什麼被蜜蜂螫到第二次會死亡？

⊙何謂過敏性休克？

每年夏天，都會發生有人被大胡蜂或蜜蜂螫到而死亡的事故。被蜜蜂等叮咬時，昆蟲毒形成抗原，身體會製造抗體加以中和，但若是以前有被蜜蜂螫過，對蜂毒形成**免疫記憶**（immunological memory），那麼，一旦再被蜜蜂叮咬，就會根據記憶迅速產生大量的IgE類抗體。另外，肥大細胞也會釋出大量組胺等發炎性細胞激素，引起嚴重的過敏症狀。

這種嚴重的過敏症狀稱爲**過敏性休克**。發生過敏性休克時，除了局部的發炎反應之外，甚至會引起全身的血管、平滑肌鬆弛及血管滲透性亢進等現象，嚴重時會致死。當然，不只是大胡蜂，許多昆蟲毒都會引起過敏性休克。

⊙盤尼西林休克也是過敏性休克

曾經被投與過盤尼西林的人，再次注射盤尼西林時，會引發痙攣

•免疫記憶

免疫系統對於曾經入侵的異物（敵人）會留下記憶，一旦相同的敵人再度侵入時，就會根據記憶立刻展開反擊。

•過敏性休克

同樣的過敏原，出現第二次過敏反應時，因為殘留第一次過敏反應的記憶，所以會立刻產生強烈的過敏反應，引起休克症狀，嚴重時會導致死亡。

一次與二次免疫應答與B細胞複製的擴大

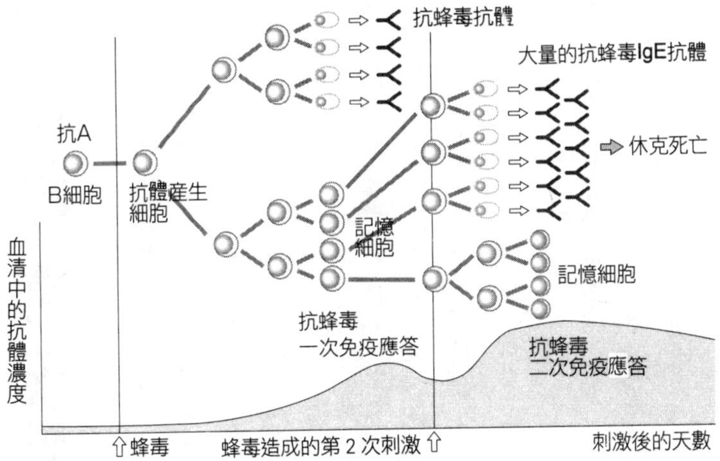

、呼吸困難，甚至出現導致死亡的**盤尼西林休克**症狀。這也是一種過敏性休克。投與盤尼西林時，最好試著少量慢慢的注射到皮下，確認沒有出現發紅等現象，才能防止過敏性休克。

免疫記憶是生物在遭遇相同敵人的侵襲時能夠立刻展開反擊的智慧。不過，若是防衛過度，就會危及自己的生命，造成過敏性休克。因此，凡事都是「過猶不及」。

●盤尼西林休克　抗生素盤尼西林中所含的不純物，所引起的一種過敏性休克。再次投與盤尼西林時，會引起休克症狀，嚴重時會導致死亡。

3 為什麼不會二次感染麻疹？

⊙藉著終生免疫防止再次感染麻疹

麻疹是感染麻疹病毒（Meales Virus）所引起的病症。這種病症是一般人容易忽略但死亡率極高的疾病，感染力非常強。在沒有預防接種的時代，許多人約一、二歲時就會罹患麻疹，但是，得過麻疹之後就不會再感染了。

不會二次感染麻疹，是因爲具有免疫記憶的緣故。再次感染麻疹病毒時，基於免疫記憶而會立刻產生大量抗麻疹病毒抗體，在尚未發病時加以排除。人體對麻疹的免疫記憶十分強烈，可以保留一生，稱爲「終生免疫」。

⊙接種疫苗能夠獲得終生免疫

麻疹病毒的感染力很強，多數人在幼兒期就感染過，但若是成年後才感染，就會引起相當嚴重的症狀。

雖然麻疹沒有有效的治療法，但是已經研發出效果極佳的疫苗。

免疫記憶殘留的構造

與特定抗原產生反應的T細胞和B細胞增殖，形成「免疫記憶」

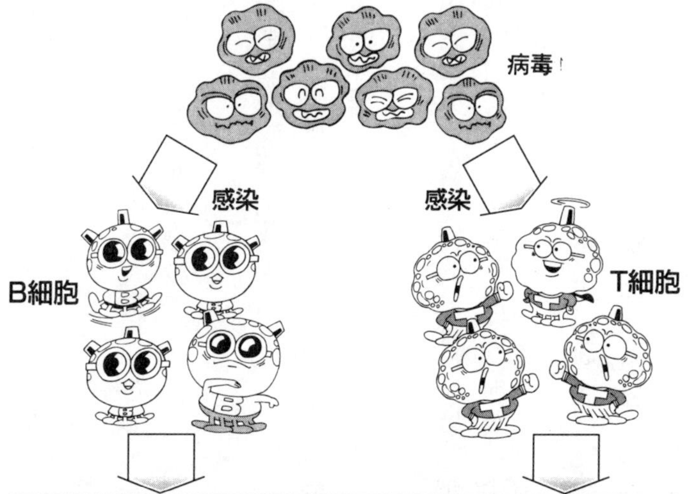

具有特定TCR或Ig的細胞會分裂、增殖

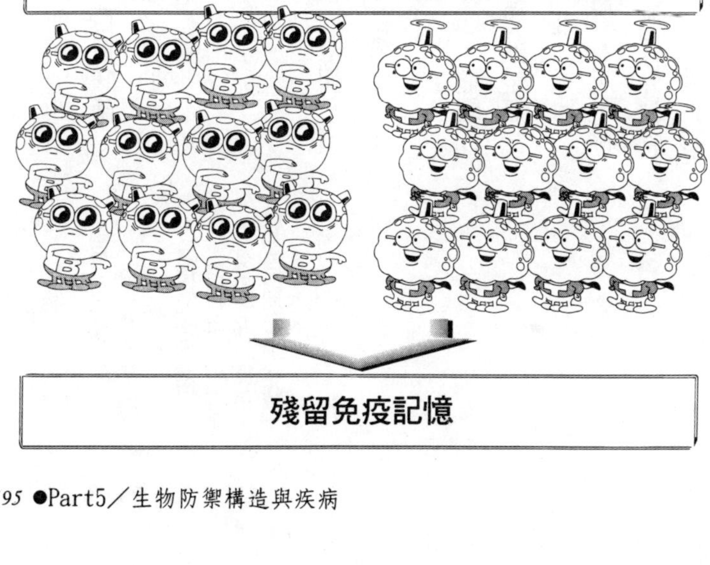

殘留免疫記憶

在一歲前接受預防接種，就不會得痲疹，可以終生免疫。

免疫記憶的強度和保留期間，因抗原（細菌或病毒的種類）的不同而有不同，當然也因人而異，有所差距。例如白喉菌、百日咳菌、破傷風菌等，同樣也具有強烈的免疫記憶，能夠終生免疫。因此，只要注射三種混合疫苗，就不會感染發病。

⊙流行性感冒病毒的形態經常改變

雖然投與流行性感冒病毒，能夠預防感染及減輕症狀，但卻必須每年接種，因爲流行性感冒病毒的抗原性經常改變，每年都會流行不同種類的病毒。

如果能夠預測該年冬天會流行的流行性感冒病毒的形態，並製作疫苗，那麼，就可以在秋天到初冬時接種。與天花不同，這就是無法杜絕流行性感冒的理由。

目前正在研發將噴霧劑噴入鼻腔的新型流行性感冒疫苗，亦即將無毒化的流行性感冒病毒噴入鼻腔，促使鼻腔、喉嚨、支氣管等黏膜形成抗體，如此一來，在感染初期就可以在入口消滅病毒，不僅能夠有效預防流行性感冒，而且副作用較低。

●百日咳菌
百日咳的病因菌

●三種混合疫苗
百日咳、破傷風、白喉的混合疫苗，嬰幼兒期必須接種。

免疫只對1種疾病有效

感染麻疹時

不會再得麻疹，但會罹患德國麻疹

不會罹患任何麻疹

雖然對某種疾病免疫，但是對其他疾病無效

4 天花的威脅再現？

⊙天花是以前的疾病嗎？

一九七七年，WHO（世界衛生組織）宣告天花已經從地球上絕跡，那是距金納發現種痘二百年後的事情。一種疾病從地球上完全銷聲匿跡，堪稱人類智慧的大勝利，也可以說是劃時代的豐功偉業。

天花的感染力非常強，和鼠疫並稱死亡率極高的可怕感染症。然而，人類利用科學的力量，完全擺脫其威脅，使天花變成過去式，而現在的年輕人手臂和肩膀也已經看不見種痘的痕跡了。

⊙如果當成細菌武器來使用……

最近，人類似乎再度感受到天花病毒的威脅。美國因爲炭疽菌恐慌而數度引發暴動。一九七七年以後，只有美國亞特蘭大的國立防疫中心和俄羅斯的莫斯科威爾斯研究所兩處保管天花病毒。雖然WHO建議到一九九六年六月之前要廢棄，但是，學者爲了進行研究，仍然將其保存下來。

●炭疽菌
是炭疽病的病原菌，由科赫所發現。不久前，美國因為炭疽病毒郵件而引起極大的騷動。

如果不是炭疽菌，而是天花病毒被當成恐怖攻擊或生化武器等使用，那麼，將會引發全球性的災難。

人類運用智慧費時二百年消滅天花，現在卻可能藉自己之手使其復甦。姑且不論可能會有恐怖份子或某國家將其當成武器來使用，即使是研究，也有必要保留這麼危險的物質嗎？

就算美國亞特蘭大的國立防疫中心和俄羅斯的莫斯科威爾斯研究所進行嚴密的控管，但畢竟百密一疏，還是有可能外流。據說炭疽菌就是從美國的研究機構被帶出來的，不得不慎。

⊙種痘量產化就能完全預防嗎？

美國政府爲避免天花病毒造成嚴重事故，希望種痘量產化，但這真的是最好的預防方法嗎？

等到天花病毒被當成攻擊武器使用時，恐怕爲時已晚。就像炭疽病毒引起的恐怖事件一樣，天花病毒也可能會造成極大的危害。人類一定要好好思考這個問題，儘早採取防範措施，這才是對金納等先賢的豐功偉業表示負責的態度。

5 利用血清療法治療蛇毒

⊙綁住患部並吸出血液也無效嗎？

一般的大城市只有在寵物店裡才看得到蛇，但是，每年卻有很多人被蛇咬傷。日本有蝮蛇、眼鏡蛇、赤練蛇等三種毒蛇，尤其琉球目前仍會發生眼鏡蛇傷人事故。另外，在田野工作的人，也要小心避開毒蛇。

蝮蛇和眼鏡蛇的毒含有病毒素（virotoxin）蛋白，會破壞組織與血管，赤練蛇的毒則會抑制血液凝固。這些對人而言，都是異種蛋白，被咬傷的人，其體內會將該種蛋白視爲異物，製造對付蛇毒的抗體（抗毒素）。然而，蛇毒會迅速循環體內，根本來不及製造抗體。

很多人誤以爲只要綁緊患部上方，儘早吸出毒血，避免毒液循環全身，應該就不會有問題。事實上，這種做法不僅無效，甚至會造成反效果。被毒蛇咬傷時，唯一有效的方法，就是注射抗血清的血清療法。

●**病毒素**
蛇毒。腹蛇和眼鏡蛇的唾液中所含的蛋白性毒素。會破壞血管，引起出血。投與抗血清能夠加以中和。

只有抗血清值得依賴

綁緊患部上方，吸出血液，不僅毫無意義，還會造成反效果！

6 結核菌是隱形人

⊙結核菌不易死亡

很多人以爲結核已經成爲過去式，但是，最近卻又出現學童等的結核感染問題。

•結核感染
感染結核菌。

結核菌是病原菌中毒性最強的菌，對人類構成極大的威脅。

一般而言，巡邏部隊巨噬細胞發現入侵體內的普通病原菌後，會將其吞噬、消化，並將其特徵反應於細胞表面，然後傳遞訊息給輔助T細胞。輔助T細胞接到訊息後，會命令特攻隊B細胞展開攻擊。收到命令的B細胞會分化爲漿細胞，產生對付病原菌的特異抗體飛彈，進行反擊。

不過，即使結核菌被巨噬細胞吞噬，或是遭到逮捕、拘禁，也不會表明身份，而會默默等待生物防禦構造變弱後再伺機發動攻擊。

⊙注射結核菌素的意義

除了抗體飛彈之外，生物還要準備特攻隊延遲型T細胞，才能對

被吞噬的結核菌能夠存活嗎？

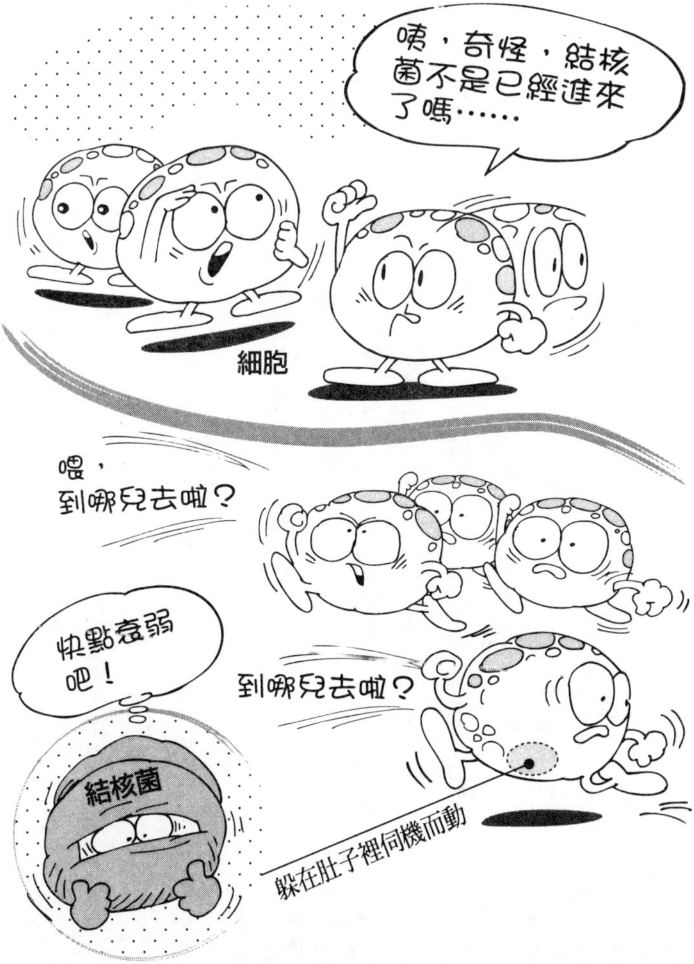

即使結核菌被巨噬細胞吞噬，也會默默的等待生物衰弱後再發動反擊。

付結核菌這種難以捉摸的敵人。

大部分的人在小學時代都曾經接受過**結核菌素檢查**，亦即在手臂內側注射結核菌素，一、二天後再測量紅腫的程度。結核菌素是從結核菌中抽取出來的蛋白。

若是曾經感染過結核菌，則基於免疫記憶，一、二天後，注射結核菌素的部位就會發炎紅腫。

沒有紅腫的現象，表示不具免疫記憶，必須接種**BCG疫苗**（牛型結核菌），促使身體對結核菌產生免疫記憶。

PART5第一節所述，針對IgE抗體所引起的I型過敏（即時型過敏）投與抗原，立刻會出現過敏反應。投與結核菌素，必須費時一、二天才會出現過敏反應，因爲結核菌素並非來自IgE抗體，而是來自延遲型T細胞（發炎性CD4T細胞）的緣故。

結核菌素進入體內時，延遲型T細胞活化，會大量產生發炎性細胞激素。發炎性細胞激素會使**血管滲透性**亢進，動員大量巨噬細胞等貪食細胞或肥大細胞到注射部位，引起紅腫現象。

這種反應的出現，少則需要八小時，多則四十八小時，故不屬於即時型過敏，而稱爲延遲型過敏或延遲型過敏症（Ⅳ型過敏）。

●**BCG疫苗**
接種弱毒化的牛結核菌，能夠對人類結核菌產生免疫。

●**血管滲透性**
組胺等發炎性物質，會使血管壁的細胞接著鬆弛，而導致血液或體液流到血管外，出現紅腫等發炎症狀。

最近又開始流行結核菌感染

原本暫時銷聲匿跡，但是學童之間又突然傳出感染結核的消息，形成嚴重的問題……

例如，漆疹等接觸過敏症，也是Ⅳ型過敏。延遲型T細胞對於腫瘤的免疫非常重要。

I型過敏是IgE抗體所引起的液性免疫，Ⅳ型過敏症則是與延遲型T細胞有關的細胞性免疫，不具速效性。

不過，對於結核菌或癌症等難纏的敵人卻相當有效。

7 難治疾病多為自身免疫疾病

⊙自我攻擊的自身免疫疾病

生物防禦構造是基於嚴格的「辨識自己和異己」而成立的，同時利用完善的免疫系統達成任務。當不會自我攻擊的免疫系統發生紊亂而對自己發動攻擊時，就會引發嚴重的事態。一旦嚴密的系統出現異常，將會很難治癒。在醫學進步的現在，許多難治疾病都是自身免疫疾病。

自身免疫疾病包括臟器特異性疾病或全身性疾病。以下就來探討代表性的自身免疫疾病。

⊙突眼性甲狀腺腫病和重症肌無力症都是自身免疫疾病

對自己的臟器或細胞產生抗體，即對自己的紅血球形成抗體，導致紅血球遭到破壞的**自身免疫性溶血性貧血**，還有對甲狀腺細胞上的TSH（thyroid-stimulating homon）受體形成自身抗體而引起的**格雷布斯病**（**突眼性甲狀腺腫病**），以及對神經肌接合部位的乙醯膽鹼受體

- **自身免疫性溶血性貧血**
  自身抗體攻擊破壞自身的紅血球所引起的自身免疫疾病。
- **格雷布斯病(突眼性甲狀腺腫病)**
  對甲狀腺形成自身抗體，而導致甲狀腺功能亢進的免疫疾病，會出現消瘦、眼睛突出等症狀。

形成自身抗體而影響肌肉收縮的**重症肌無力症**等都是自身免疫疾病。

此外，還有對自己的DNA、組蛋白、脂核蛋白等基因或核蛋白等形成自身抗體而引起的自身免疫疾病**全身性紅斑狼瘡**（SLE）。

其次是，自身反應性T細胞所引起的代表性自身免疫疾病**多發性硬化症**，會造成全身麻痺。自身髓鞘蛋白反應性T細胞因爲傷害包住腦或脊髓神經軸索絕緣體的髓鞘而發病。**慢性關節風濕**是對關節內抗原發生反應的發炎性T細胞產生**發炎性細胞激素**，促進**多型核白血球**或巨噬細胞等的活化及浸潤現象，引起關節軟骨或關節構造變形或損害，另外也和稱爲風濕因子的自身抗體有關。

⊙目前沒有根本的治療法

爲什麼會出現原本不該產生的自身抗體或自身反應性T細胞呢？主要組織相容性複體（MHC）的遺傳型與此有密切的關係。可能是受到荷爾蒙的影響，女性較容易出現自身免疫性疾病。此外，感染症也是誘發的關鍵。事實上，目前還無法掌握其發病構造，所以，現在對自身免疫疾病沒有根本的治療法，一般都是投與類固醇激素、NSAIDs（止痛消炎劑），或是進行切除胸腺等外科手術。

- **重症肌無力症**
  對乙酰膽鹼受體產生自身抗體的自身免疫疾病。
- **全身性紅斑狼瘡**
  對自身的DNA或組蛋白等核物質產生自身抗體所引起的自身免疫疾病。
- **多發性硬化症**
  自身抗體導致髓鞘遭到破壞而引起的自身免疫疾病。
- **慢性關節風濕**
  出現關節僵硬、疼痛、變形等的自身免疫疾病。
- **發炎性細胞激素**
  IL-4、IL-5、IL-6等會引起發炎的細胞激素。

8 糖尿病也是自身免疫疾病

⊙糖尿病有二種形態

包括有可能罹患糖尿病的患者在內，日本約有六百萬至一千萬人罹患糖尿病，爲主要的成人病之一，現在被稱爲生活習慣病。許多人認爲糖尿病是飲食過量等所引起的富貴病。

事實上，糖尿病有數種形態。可分爲Ｉ型與Ⅱ型。Ｉ型是胰島素依賴型，Ⅱ型是胰島素非依賴型。換言之，Ｉ型要注射胰島素，而Ⅱ型不必注射胰島素。

近年來，發現Ｉ型糖尿病是胰臟的胰島β細胞所分泌的胰島素大幅減弱，胰島素不足，結果出現高血糖而引起的。Ⅱ型則是因爲某種原因，導致胰島素作用減弱，結果出現高血糖而引起的。

⊙糖尿病也可能是自身免疫疾病

無論是Ｉ型的β細胞功能減弱或Ⅱ型的胰島素作用障礙，誘發的原因相當多，其中之一是自身免疫疾病。

●胰島素作用障礙

因胰島素受體等的因素導致胰島素無法發揮作用。

引發自身免疫疾病的構造

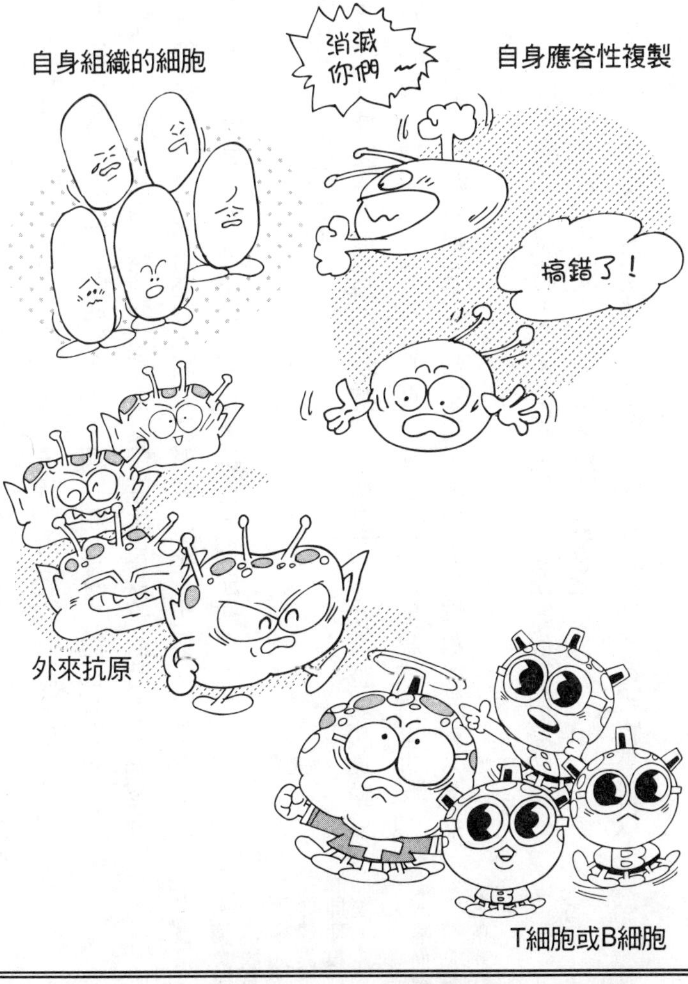

自身免疫疾病多半是像突眼性甲狀腺腫病或重症肌無力症等，為難治疾病

胰臟的胰島β細胞遭到自己的殺手T細胞破壞時，則無法分泌胰島素，而會引起胰島素依賴型糖尿病。這時，患者的血液中會出現對付β細胞的抗體。因此，發病與殺手T細胞和自身抗體都有關。

另外，對脂肪細胞表面的胰島素受體產生自身抗體時，會妨礙胰島素與受體結合，引起糖尿病。即使注射胰島素，也無法降低偏高的血糖值，形成**胰島素非依賴型**（胰島素抗性）糖尿病。

⊙須慎防的生活習慣病

總之，自身殺手T細胞或自身抗體攻擊自己的β細胞或胰島素受體所引起的兩種糖尿病，都是自身免疫疾病。這類的糖尿病並非單純的生活習慣病，必須特別注意。糖尿病是**高血糖症候群**的總稱，致病原因相當多。

自身免疫疾病的糖尿病，病因不明，但是，發病後的治療法與一般的糖尿病相同，都是以食物療法和運動療法爲主。

另外，還可以投與磺酰脲（SU劑）或胰島素等。希望將來可以研發出更有效的治療法。

• **胰島素非依賴型**
胰島素作用障礙所引起的糖尿病，並非胰島素不足，所以即使投與胰島素也無效。

• **高血糖症候群**
血糖值偏高所引起的疾病的總稱。

殺手T細胞的叛亂

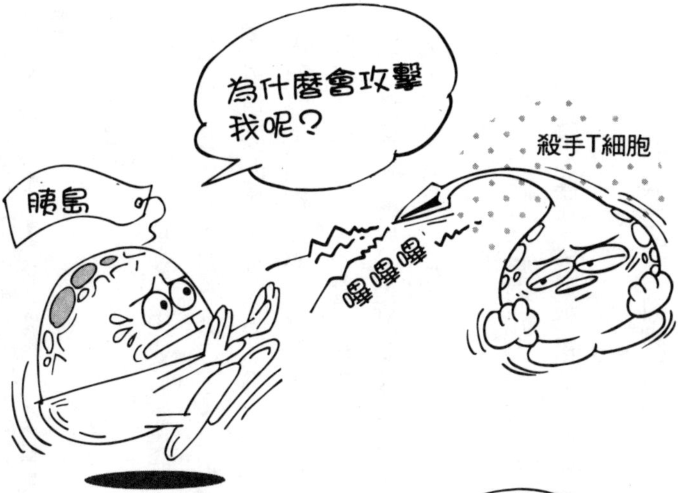

糖尿病不只是生活習慣病，也有自身免疫疾病型的糖尿病。

9 肝炎是攻擊敵人的副產品

⊙肝炎病毒有七種

引起肝炎的病因相當多，主要是感染肝炎病毒造成的。目前已知肝炎病毒有A、B、C、D、E、F、G七種。

在國內最重要的感染症是A、B、C三種。其中屬於細小核糖核酸病毒的A型肝炎病毒是經口感染的，所以，曾經一度引起大流行。

A型肝炎痊癒之後，不會成爲帶原者。而屬於B型肝炎DNA病毒的B型肝炎病毒和屬於C型肝炎RNA病毒的C型肝炎病毒，會造成血液感染，感染者會成爲帶原者，經過長久歲月後就會形成肝硬化、肝癌。

尤其是感染C型肝炎病毒的人，二十～三十年後出現肝癌的機率非常高，因此，輸血感染成爲嚴重的社會問題。

●**B型肝炎DNA病毒**　引起B型肝炎的DNA病毒。

●**C型肝炎RNA病毒**　引起C型肝炎的RNA病毒。

⊙感染肝炎病毒的構造與有效療法

巡邏部隊巨噬細胞或NK細胞發現肝炎病毒入侵體內時，會將敵人特徵的訊息傳遞給輔助Ｔ細胞。ＮＫ細胞會產生干擾素等，直接攻擊病毒。若入侵的敵人不多，就可以順利將其擊退而不會感染發病。若是嚴重感染，則輔助Ｔ細胞會動員殺手Ｔ細胞或Ｂ細胞。

不過，等到殺手Ｔ細胞和抗肝炎病毒抗體等費時數天或數週完成攻擊準備，爲時已晚，因爲入侵肝細胞的肝炎病毒會在細胞內增殖，而殺手Ｔ細胞或抗肝炎病毒抗體卻無法進入肝細胞內反擊，只能攻擊遭到感染的肝細胞。

結果，感染的肝細胞會流出ＧＴＰ或ＧＯＴ等酵素，導致肝功能數值突然大幅上升。一旦較多的細胞遭到感染時，就會成爲**猛爆性肝炎**，危及生命。

投與干擾素能夠預防病毒感染肝細胞或增殖。即使是犧牲自己的肝細胞，生物防禦構造也要保護生物體免於肝炎病毒的傷害。

若生物防禦構造能夠戰勝Ａ型肝炎，則隨著肝炎病毒消失，肝炎就可以完全治癒。不過，Ｂ型、Ｃ型肝炎病毒則會藏匿在肝細胞內，成爲帶原者。帶原者的血液不僅會形成感染源，有時會慢性化，數十年後，可能會變成肝硬化或肝癌。

●猛爆性肝炎
在急性肝炎中，症狀嚴重且死亡率偏高的肝炎。

10 支氣管氣喘的複雜構造

⊙過度防衛反應是發病的原因嗎？

支氣管氣喘是因為塵蟎或花粉等形成過敏原所引起的過敏疾病。氣喘患者吸入過敏原時，呼吸道黏膜會出現過敏反應，對過敏原形成IgE抗體，使得肥大細胞釋出組胺等，引起支氣管炎。

不過，光是這樣還不會引發支氣管氣喘。發炎部位會聚集許多淋巴球，產生各種淋巴激素，其中以IL-4或IL-5等淋巴激素較為重要。IL-4會刺激IgE產生B細胞，IL-5則會刺激嗜鹼性白細胞等多型核白血球。

浸潤而活化的嗜鹼性白細胞，會釋出組胺、無色三烯、前列腺素等細胞激素，促使T細胞等活化，導致**支氣管平滑肌**收縮，形成過敏狀態，結果就容易受到塵埃或廢氣的刺激而引發支氣管氣喘。

一旦出現支氣管過敏狀態，則在排除過敏原之後再受到塵埃、廢氣、冷氣等輕微的刺激時，還是會引起氣喘症狀。

引發支氣管氣喘的關鍵，是吸入過敏原時產生的IgE抗體，而

●**支氣管平滑肌**　調節支氣管粗細的肌肉。

防禦力過強時……

且生物防禦軍也是致病的原因之一。原本是去除過敏原（抗原）的構造，結果卻過度發揮作用，引起過度防衛反應。

⊙治療支氣管氣喘的方法

一般而言，多半是使用具有擴張支氣管作用的β2交感神經刺激劑、對症療法劑或類固醇劑等來治療支氣管氣喘。雖然類固醇劑能夠有效治療氣喘，但是，副作用很強，在使用上受到限制。不過，最近已經開發出副作用較低的吸入型類固醇劑，可以控制氣喘的症狀。另外，還使用治療效果佳的無色三烯受體拮抗劑等藥劑。

現階段仍在研發中的，還包括IgE抗體Fab片段、抗IL－4抗體、抗IL－4受體抗體、抗IL－5抗體及抗IL－5受體抗體等。IgE抗體Fab片段沒有Fc部分，所以能夠和過敏原結合，但無法和肥大細胞、嗜鹼性白細胞結合，所以不能活化。

投與對於過敏原會出現特異性作用的IgE抗體Fab片段，能夠避免過敏原與IgE抗體結合，就可以防止觸動引發支氣管氣喘的關鍵。

抗IL－4抗體、抗IL－4受體抗體，能夠抑制IL－4的活

注意不要跑太快喔！

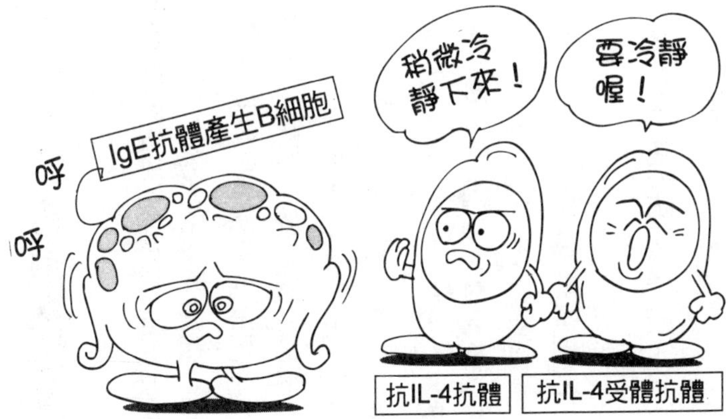

性，避免產生引發支氣管氣喘的IgE抗體。而抗IL-5抗體、抗IL-5受體抗體，則能夠抑制嗜鹼性白細胞誘導活化因子IL-5的作用，避免嗜鹼性白細胞的浸潤、活化，預防呼吸道過敏症。

事實上，除了控制整個免疫系統之外，還必須去除塵蟎或過敏原，來增強體力，採取各種應對之策，才能預防及治療支氣管氣喘。

11 AIDS是攻擊防衛軍本身的疾病

⊙感染後發病的後天免疫缺乏症候群

一九八一年，除了免疫缺乏症患者之外，美國有數人也出現了不該發生的**肺囊蟲肺炎**。患者的淋巴結腫脹，檢查結果，發現是屬於新型的免疫缺乏症候群，於是將其命名為**後天免疫缺乏症候群**（Aquired Immunodeficiency Syndrome），取其英文的開頭字母，簡稱ＡＩＤＳ。免疫缺乏症是遺傳疾病先天免疫缺乏症候群，但是ＡＩＤＳ則是感染愛滋病毒（ＨＩＶ）而後天性發病的免疫缺乏症。

ＨＩＶ是屬於基因由ＲＮＡ構成的反轉錄病毒（retrovirus）中的慢病毒（lentivirus）。ＨＩＶ藉著反轉錄酶的作用，將原本應該輸入ＲＮＡ的遺傳訊息換讀到感染者細胞內的ＤＮＡ上而增殖。

⊙ＨＩＶ會破壞生物防禦軍的中樞

為什麼感染ＨＩＶ會造成免疫缺乏呢？

ＨＩＶ入侵人體後，病毒表面的ｇｐ１２０糖蛋白會藉著輔助Ｔ

●**肺囊蟲肺炎**
免疫缺乏之者感染後，會引發肺炎的原蟲。身體健康的人，不會罹患肺囊蟲肺炎

●**後天免疫缺乏症候群**
不具遺傳性，例如ＨＩＶ感染等即屬於後天性發病的免疫缺乏症。

司令塔遭到攻擊

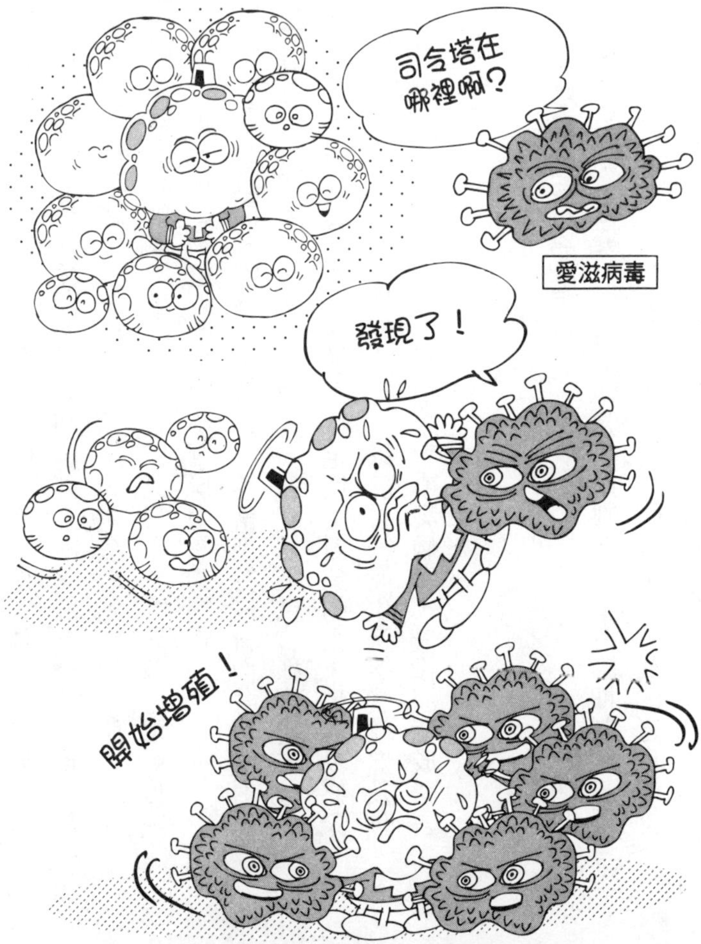

不斷增殖的愛滋病毒攻擊輔助 T 細胞，然後又包圍其他的輔助 T 細胞，導致生物防禦構造喪失司令塔而出現大混亂！

細胞表面的CD4表面標幟而附著於細胞，然後侵入輔助T細胞內增殖，等到破壞輔助T細胞後再游走於細胞外，附著於其他的輔助T細胞，反覆進行增殖、破壞。一旦免疫系統的司令塔輔助T細胞遭到破壞，生物防禦構造就會漏出破綻，導致感染HIV的病患出現免疫缺乏的現象。因此，HIV是破壞生物防禦軍中樞的物質。

HIV是透過血液造成感染，所以，經常施打麻藥而共用注射針或接觸傷口而造成感染（性感染）的人，都容易罹患這種疾病。

另外，許多同性戀或擁有多數不特定性交對象的人，也容易感染這種疾病，而且在世界上引起大流行。以前曾經發生過接受輸血及投與血液製劑的患者，出現AIDS帶原者或發病者，最後演變成藥害問題。

⊙HIV治療藥尚在研究階段

治療HIV的治療藥，包括反轉錄酶抑制劑和蛋白酶抑制劑。反轉錄抑制劑有AZT、ddI等多種藥劑。而HIV特異的蛋白酶抑制劑，目前只有IDV及SQV等數劑被允許使用。

近年來多劑併用發揮優良的藥效及延遲發病的效果，但還是無法

HIV是擅長易容的高手

我們的任務就是阻擋那傢伙接近司令官！
嘿嘿嘿…只要改變容貌，想要潛入是很簡單的事情！
輔助T細胞
愛滋病毒

完全治癒。

對ｇｐ１２０使用抗體或重組ｇｐ１２０等，抑制ＨＩＶ吸附輔助Ｔ細胞，或是開發重組ｇｐ１２０的疫苗等的做法都還在檢討中。不過，ｇｐ１２０容易產生變異，成功機率不高。

ＨＩＶ以生物防禦構造的要塞，即免疫系統的司令塔輔助Ｔ細胞爲攻擊標的是相當棘手的病毒，而且它經常改變形態，讓醫療無所適從。總之，必須集中火力，儘早撲滅ＨＩＶ病毒。

12 癌細胞是具有邪惡智慧的恐怖份子

⊙癌細胞是無法控制的恐怖份子

人體是由六十兆個細胞構成的。細胞中，收藏著附有基因的DNA，DNA會受到宇宙射線、紫外線或各種有害物質的傷害。

生物擁有修復受損DNA的構造，而且無法修復受損DNA的細胞也會自殺。除了有即使受傷也無損細胞DNA形質的傷之外，數億個、數十億個、數百億個中，至少會出現一個讓細胞癌化的傷。若數百億個中出現一個傷，那麼，以六十兆個體細胞來換算，則約有數千個傷。

癌化的細胞會無限增殖，不只會形成腫瘤，還會釋出腫瘤壞死因子等毒性物質，使身體衰弱至死。因此，癌細胞是無法控制的恐怖份子。

• 腫瘤壞死因子

癌症末期時，循環全身的惡液質的本體。

⊙癌細胞是生物防禦構造最難應付的敵人之一

巨噬細胞或NK細胞會經常巡邏體內，找出癌細胞。

發現傷口而開始增殖的癌細胞

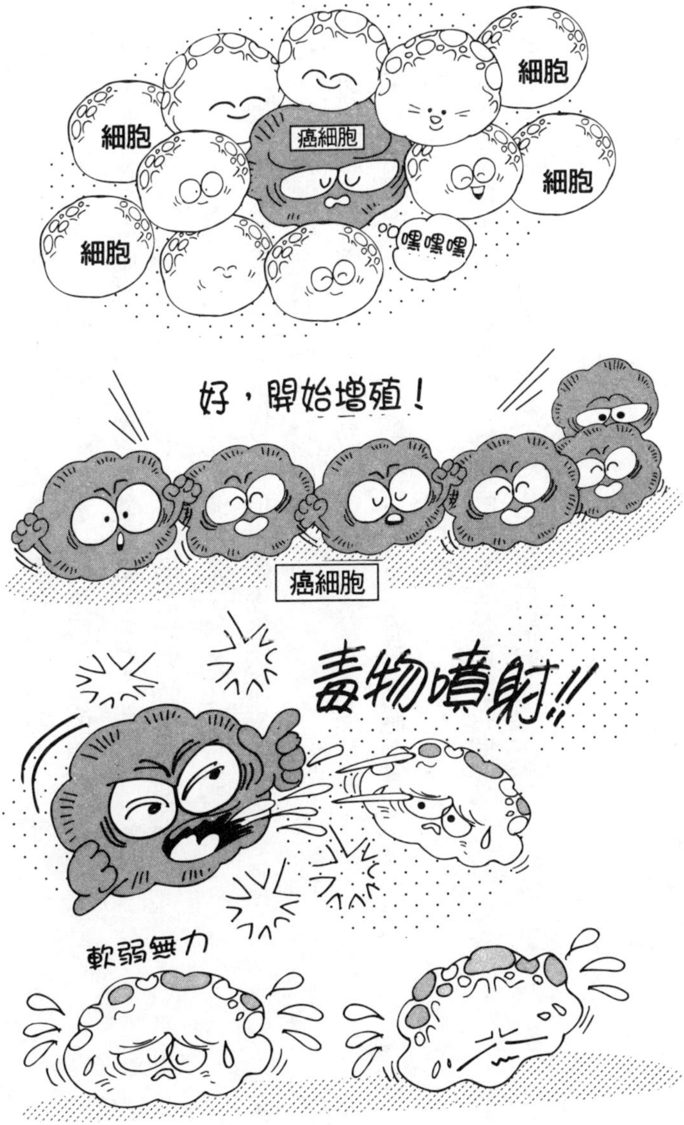

然而，癌細胞和病原菌不同，原本就是自己的細胞，所以巨噬細胞或NK細胞很難發現它們。身體健壯而免疫力強的人，癌細胞立刻就會遭到撲滅。人體有六十兆個細胞，出現癌細胞是很正常的現象，但是，巨噬細胞或NK細胞等常設防衛軍卻能夠抑制癌症。

不過，隨著年齡增長，體力減退，生物防禦構造衰弱時，癌細胞這個恐怖份子就會趁機展開猛烈的攻擊，大量增殖。雖然生物會動員殺手T細胞或抗體等特攻隊消滅恐怖份子，但是，癌細胞本來就是自己的細胞，無法像消滅感染病毒一樣輕易解決。

此外，癌細胞受到抗體等攻擊時會改變形態，隱藏其表面抗原，避免遭受攻擊。更糟的是癌細胞本身會分泌TGF-β等細胞激素，抑制宿主的免疫系統。

癌細胞會採取各種手段逃離生物防禦軍的搜索，趁機號召同伴，等到防禦軍察覺時已經緩不濟急。因此，對生物防禦構造而言，癌細胞是最難纏的敵人之一。

免疫細胞會隨著年齡的增長而鈍化嗎？

年輕時……

年紀大了之後……

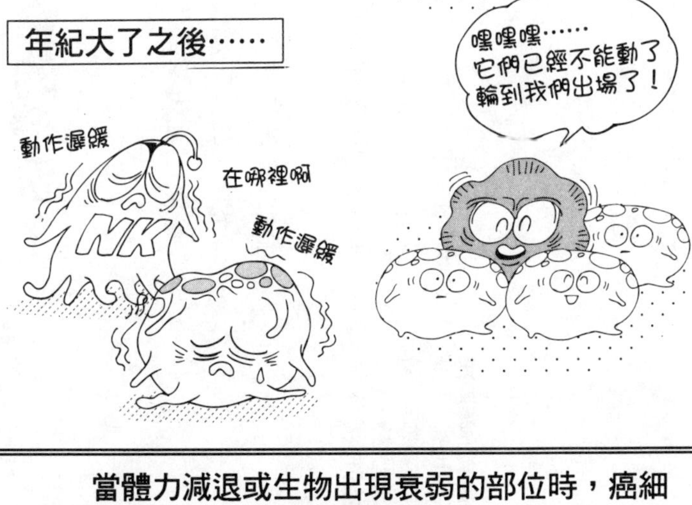

當體力減退或生物出現衰弱的部位時，癌細胞就會以驚人的攻勢猛烈增殖。

13 為什麼會出現血型不合的情況？

⊙血型的種類

血型是指紅血球表面抗原的多型性，亦即紅血球表面存在著許多糖鏈。糖鏈的構造因人而異，稍有不同。血型承襲自父母，具有基因形質。例如，治療白血病，若移植他人的骨髓，血型會改變，但是，通常血型終生不變。

人類的血型，最廣爲人知的是一九〇二年蘭德修泰納所發現的ABO式血型。除了ABO之外，血型還包括Rh、Lewis、MN、P、Kell、Duffy、Kidd等，其中最重要的是ABO式血型和Rh式血型。

•**蘭德修泰納**
奧地利的病理學家。曾證明血型的存在。一九三〇年獲頒諾貝爾生理醫學獎。

⊙輸血的問題

輸血時，最主要在於ABO式血型。A型的人擁有抗B抗體，B型的人擁有抗A抗體，O型的人則擁有抗A抗體和抗B抗體等自然抗體。因此，A型的人輸B型的血、B型的人輸A型的血或O型的人輸

ABO式血型的特徵

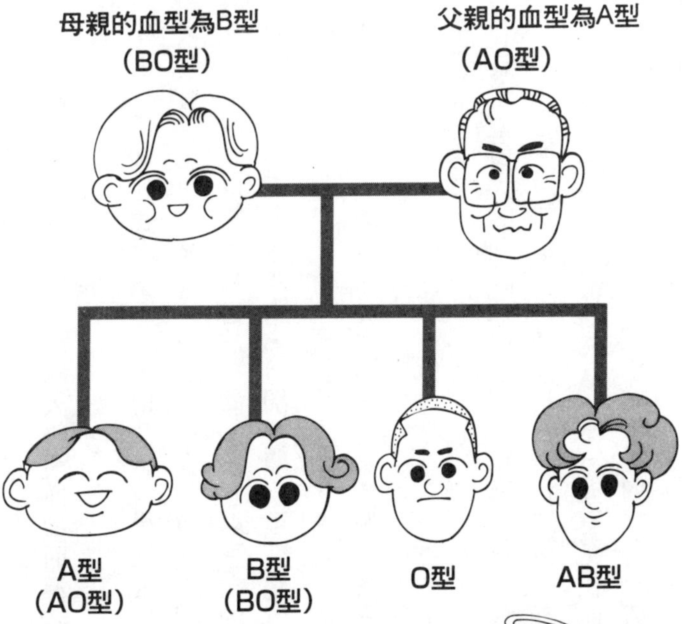

雖然同樣是A型，但是父親和母親的血型卻為「AA」型和「AO型」。由上面的例子可以得知，母親為「BB型」而父親為「AA型」時，只能生下「AB型」的孩子。

A型或B型的血時，會引起抗體抗原反應，出現溶血的危險性。

到目前爲止，已經發生多起輸入錯誤血型而導致患者死亡的醫療疏失。

另外，一旦Rh式血型不合，懷孕時就會造成血型不合。Rh式血型包括Rh（+）、Rh（−）。與ABO式不同，Rh（−）的人對於Rh（+）抗原不具自然抗體。Rh（−）的人接受Rh（+）的血型時，最初不會有問題，但卻會殘留免疫記憶，等到再次輸相同血型的血液時，就可能會出現排斥現象。當然，因爲大部分的人血型都是Rh（+），所以，發生這種危險情況的機率不高。

⊙何謂血型不合？

Rh式血型最大的問題在於血型不相容。例如Rh（−）的女性與Rh（+）的男性結婚，產下Rh（+）的孩子。女性第一次懷孕時，若並未因爲輸血等而對於Rh（+）擁有免疫記憶，那就沒有問題，但是第二次懷Rh（+）孩子的母體內，會形成抗Rh（+）抗體，透過胎盤，攻擊胎兒的紅血球，引起溶血。這時，母體會製造大量幼嫩的紅血球以補充不足的紅血球，結果引發紅母細細胞症。

•血型不相容

母親（Rh−）的抗體會攻擊、破壞新生兒的紅血球（Rh+），引發貧血或黃疸症狀，必須重新換血。

Rh式血型的問題點

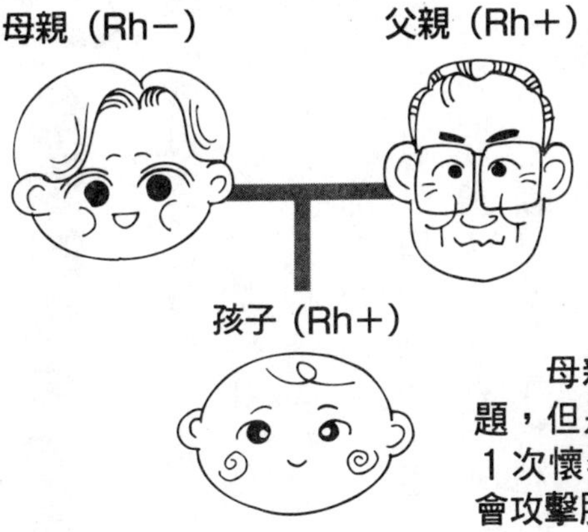

母親第1次懷孕時沒問題，但是第2次懷孕時，第1次懷孕形成的Rh(+)抗體會攻擊胎兒的紅血球

出生後的新生兒出現帶有黃疸症狀的嚴重紅母細胞症，這就是血型不相容造成的。

必須重新更換新生兒全部的血液，才能治療血型不相容的情況。另外，O型母親所擁有的抗A抗體、抗B抗體，是自然抗體IgM類抗體。而Rh（－）母親所獲得的抗Rh（＋）抗體，則是IgG類抗體。IgM抗體爲分子量九十萬以上的大蛋白，無法通過胎盤，只有分子量十五萬的IgG抗體才能通過胎盤。

以上就是很少發生ABO式血型不相容但卻經常發生Rh式不相容理由。

●紅母細胞症
紅血球迅速遭到破壞，導致紅母細胞大量增加以補充紅血球的疾病。

14 最強的軍隊會隨著年齡的增長而衰弱

⊙沈重的壓力會使免疫系統劣化

精緻的生物防禦構造並非一生都很穩定，生物防禦構造是受到嚴密控制的系統之一，而免疫系統則與腦神經系統、荷爾蒙系統等相互影響，形成生物的三大系統。

免疫系統會受體力、精神狀態、年齡增長等的影響，其強度則會反應在生物的狀態上。生物防禦軍的主角免疫系統，必須擁有充足的睡眠和營養，以維持體力，保持穩定的精神狀態，避免蓄積沈重的壓力，才能發揮最強的機能。

然而，任何人都逃不過年齡增長的命運，隨著年齡的增長，免疫力會變得越來越差，對感染症的抵抗力當然也會減弱。因此，老年人不僅容易感染對健康成人不會造成感染的觀望菌等，甚至容易感染肺炎，不得不慎。

防止免疫系統衰退的方法

擁有充足的睡眠

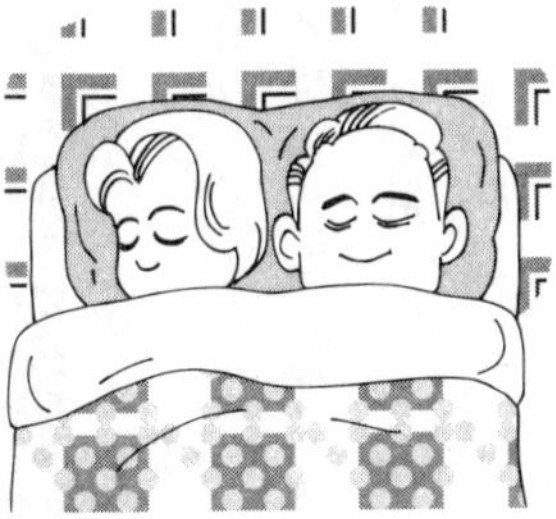

攝取均衡的營養

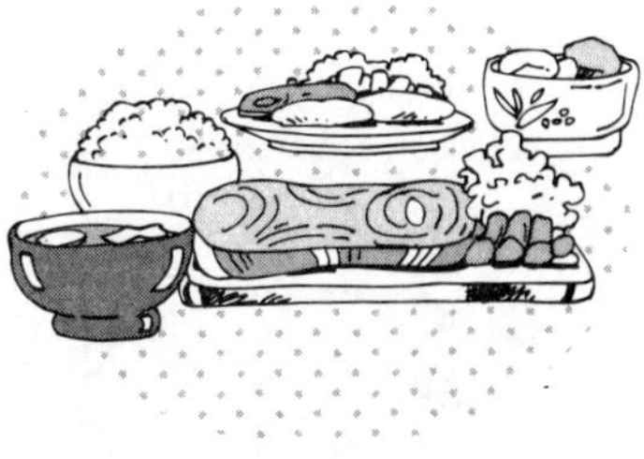

運動量充足

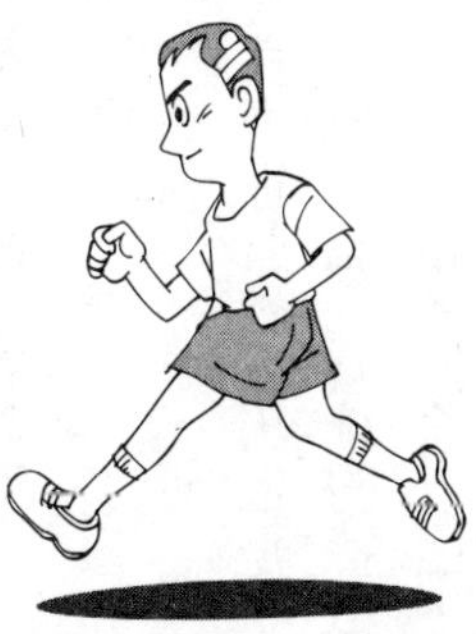

紓解壓力

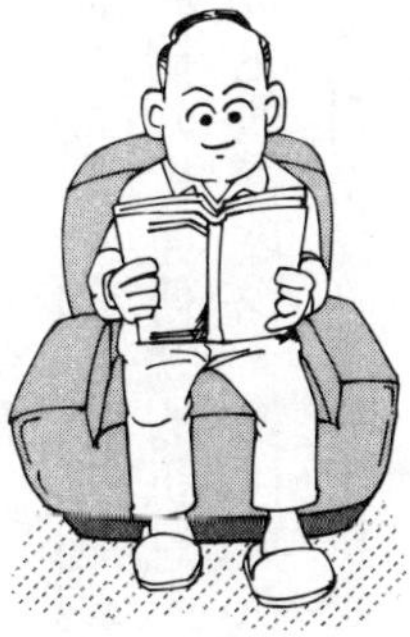

但是老化是無法避免的

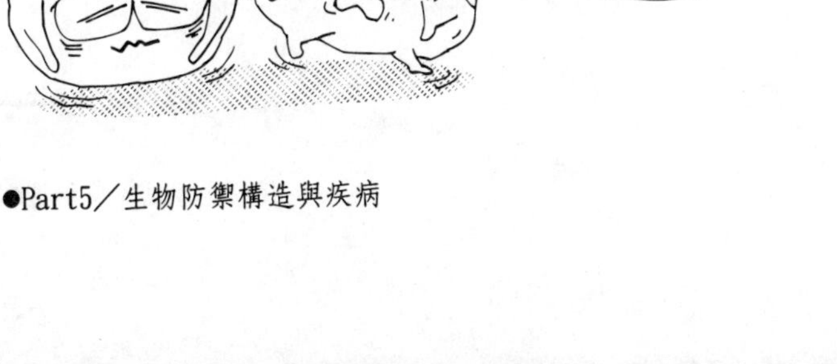

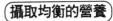

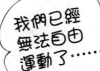

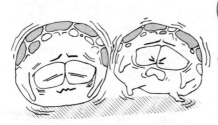

15 從生物防禦構造學到的智慧

⊙免疫系統的四大特徵

生物防禦構造就像軍隊一樣，利用武力征服敵人，但是，兩者看似相似，其實卻不相同。最後，就來整理檢證免疫系統的特徵。

第一特徵是，辨識「自己、異己」，亦即藉著排除自己，嚴格辨識異己。

司令塔輔助T細胞正確收到敵人的訊息後，會仔細分析訊息，動員特攻隊。正確分析並傳遞敵人訊息，是免疫系統的最主要特徵。

第二特徵是，特異性。根據正確訊息而動員的殺手T細胞或抗體等特攻隊只會攻擊該敵人，正確執行最初分析並傳遞的訊息。

第三特徵是，多樣性，亦即準備數兆種特攻隊，對付無法預測或未知的敵人。對於生物防禦構造而言，絕對不允許有「因爲是意想不到的敵人，所以……」的藉口。

第四特徵是，稱爲免疫記憶的正確記錄，避免相同的敵人再次侵襲。生物防禦構造最大的特徵就是免疫系統。免疫系統會根據正確傳

歸納四大特徵

正確分析並傳遞敵人的訊息

剛才入侵的敵人是流行性感冒病毒……
傳令部隊

利用特異性展開焦點攻擊

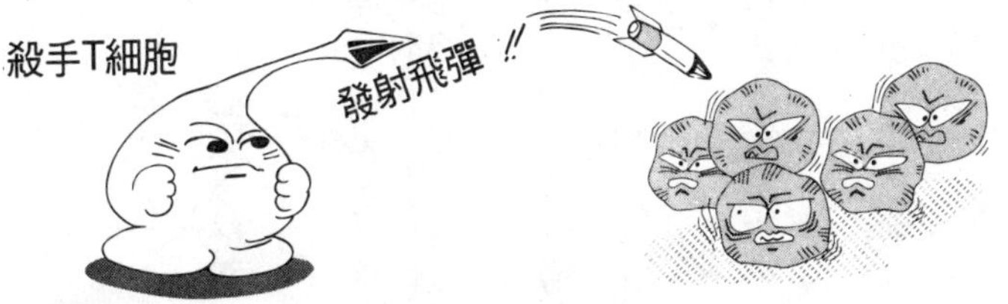

殺手T細胞
發射飛彈

對付所有的敵人（多樣性）

免疫部隊
我們準備了好幾兆種呢！

禁止相同的敵人入侵（免疫記憶）

免疫
我還記得那傢伙哩！

遞的訊息，展開嚴密的控制，消滅敵人。

⊙實現真正和平的社會

美國為因應多起恐怖攻擊事件，必須掌握蓋達組織的首領賓拉登各項相關資料。

雖然握有證據，卻還是無法更進一步取得賓拉登的情報，甚至為了消滅蓋達組織和賓拉登而攻擊塔利班或阿富汗的一般市民，結果仍然毫無嶄獲。

阿富汗市民從塔利班得到解放，看似獲得勝利，但是，賓拉登可能還存活，蓋達組織也沒有遭到毀滅，世界還是籠罩在恐怖攻擊的陰影之下。

就生物防禦構造而言，已經足夠將焦點對準賓拉登或蓋達組織進行攻擊。

就像生物防禦構造對付肝炎病毒一樣，無區別的攻擊肝細胞，只會引起猛爆性肝炎，甚至有致命的危險。

因此，發動攻擊之前要先收集情報，進行精密的分析，才能做好防禦準備。

●**蓋達組織**
以賓拉登為首反美的回教真理主義的國際恐怖組織。二〇〇二年九月十一日，爆發多起恐怖行動。

●**賓拉登**
是沙烏地阿拉伯人。國際恐怖組織「蓋達組織」的首腦。

●**塔利班**
阿富汗的回教真理主義。回教激進派的勢力。雖然統治阿富汗，但是因為包庇蓋達組織，遭受國際恐怖主義報復聯軍的攻擊而敗退。

而且爲了實現真正和平的社會，人類必須學習生物防禦構造的智慧。

•阿富汗 位於伊朗東側、巴基斯坦西側的中東、回教國家。經過長期的內戰，塔利班掌握政權，後來因為包庇蓋達組織，遭到聯合國軍隊攻擊而失勢。現在由卡爾扎就任總統，在臨時政權之下逐步走向復興之路。

【作者介紹】

才園　哲人

⊙1946 年出生於日本東京。畢業於東京大學後，在上市生物系企業進行研究，統籌研發的相關業務。曾任研究總部部長，現任（株）MEDIBIK 監查，為農學博士。日本農藝化學公會、日本免疫學會、日本癌症學會會員。

⊙主要著書包括『想要知道後基因組時代』、『再生醫療的構造與未來』、『吾輩是貓』、『單身赴任考』、『貓是很棒的生物』、『小説「複製」』等。

大展出版社有限公司
品冠文化出版社

圖書目錄

地址：台北市北投區(石牌)
致遠一路二段 12 巷 1 號
郵撥：01669551<大展>
19346241<品冠>
電話：(02) 28236031
28236033
28233123
傳真：(02) 28272069

・熱門新知・品冠編號 67

1.	圖解基因與 DNA	(精)	中原英臣主編	230 元
2.	圖解人體的神奇	(精)	米山公啟主編	230 元
3.	圖解腦與心的構造	(精)	永田和哉主編	230 元
4.	圖解科學的神奇	(精)	鳥海光弘主編	230 元
5.	圖解數學的神奇	(精)	柳 谷 晃著	250 元
6.	圖解基因操作	(精)	海老原充主編	230 元
7.	圖解後基因組	(精)	才園哲人著	230 元
8.	圖解再生醫療的構造與未來		才園哲人著	230 元
9.	保護身體的免疫構造		才園哲人著	230 元

・生活廣場・品冠編號 61

1.	366 天誕生星	李芳黛譯	280 元
2.	366 天誕生花與誕生石	李芳黛譯	280 元
3.	科學命相	淺野八郎著	220 元
4.	已知的他界科學	陳蒼杰譯	220 元
5.	開拓未來的他界科學	陳蒼杰譯	220 元
6.	世紀末變態心理犯罪檔案	沈永嘉譯	240 元
7.	366 天開運年鑑	林廷宇編著	230 元
8.	色彩學與你	野村順一著	230 元
9.	科學手相	淺野八郎著	230 元
10.	你也能成為戀愛高手	柯富陽編著	220 元
11.	血型與十二星座	許淑瑛編著	230 元
12.	動物測驗—人性現形	淺野八郎著	200 元
13.	愛情、幸福完全自測	淺野八郎著	200 元
14.	輕鬆攻佔女性	趙奕世編著	230 元
15.	解讀命運密碼	郭宗德著	200 元
16.	由客家了解亞洲	高木桂藏著	220 元

・女醫師系列・品冠編號 62

1.	子宮內膜症	國府田清子著	200 元
2.	子宮肌瘤	黑島淳子著	200 元

3.	上班女性的壓力症候群	池下育子著	200 元
4.	漏尿、尿失禁	中田真木著	200 元
5.	高齡生產	大鷹美子著	200 元
6.	子宮癌	上坊敏子著	200 元
7.	避孕	早乙女智子著	200 元
8.	不孕症	中村春根著	200 元
9.	生理痛與生理不順	堀口雅子著	200 元
10.	更年期	野末悅子著	200 元

・傳統民俗療法・品冠編號 63

1.	神奇刀療法	潘文雄著	200 元
2.	神奇拍打療法	安在峰著	200 元
3.	神奇拔罐療法	安在峰著	200 元
4.	神奇艾灸療法	安在峰著	200 元
5.	神奇貼敷療法	安在峰著	200 元
6.	神奇薰洗療法	安在峰著	200 元
7.	神奇耳穴療法	安在峰著	200 元
8.	神奇指針療法	安在峰著	200 元
9.	神奇藥酒療法	安在峰著	200 元
10.	神奇藥茶療法	安在峰著	200 元
11.	神奇推拿療法	張貴荷著	200 元
12.	神奇止痛療法	漆 浩 著	200 元
13.	神奇天然藥食物療法	李琳編著	200 元

・常見病藥膳調養叢書・品冠編號 631

1.	脂肪肝四季飲食	蕭守貴著	200 元
2.	高血壓四季飲食	秦玖剛著	200 元
3.	慢性腎炎四季飲食	魏從強著	200 元
4.	高脂血症四季飲食	薛輝著	200 元
5.	慢性胃炎四季飲食	馬秉祥著	200 元
6.	糖尿病四季飲食	王耀獻著	200 元
7.	癌症四季飲食	李忠著	200 元
8.	痛風四季飲食	魯焰主編	200 元
9.	肝炎四季飲食	王虹等著	200 元
10.	肥胖症四季飲食	李偉等著	200 元
11.	膽囊炎、膽石症四季飲食	謝春娥著	200 元

・彩色圖解保健・品冠編號 64

1.	瘦身	主婦之友社	300 元
2.	腰痛	主婦之友社	300 元
3.	肩膀痠痛	主婦之友社	300 元

4.	腰、膝、腳的疼痛	主婦之友社	300 元
5.	壓力、精神疲勞	主婦之友社	300 元
6.	眼睛疲勞、視力減退	主婦之友社	300 元

・心想事成・品冠編號 65

1.	魔法愛情點心	結城莫拉著	120 元
2.	可愛手工飾品	結城莫拉著	120 元
3.	可愛打扮 & 髮型	結城莫拉著	120 元
4.	撲克牌算命	結城莫拉著	120 元

・少年偵探・品冠編號 66

1.	怪盜二十面相	（精）	江戶川亂步著	特價 189 元
2.	少年偵探團	（精）	江戶川亂步著	特價 189 元
3.	妖怪博士	（精）	江戶川亂步著	特價 189 元
4.	大金塊	（精）	江戶川亂步著	特價 230 元
5.	青銅魔人	（精）	江戶川亂步著	特價 230 元
6.	地底魔術王	（精）	江戶川亂步著	特價 230 元
7.	透明怪人	（精）	江戶川亂步著	特價 230 元
8.	怪人四十面相	（精）	江戶川亂步著	特價 230 元
9.	宇宙怪人	（精）	江戶川亂步著	特價 230 元
10.	恐怖的鐵塔王國	（精）	江戶川亂步著	特價 230 元
11.	灰色巨人	（精）	江戶川亂步著	特價 230 元
12.	海底魔術師	（精）	江戶川亂步著	特價 230 元
13.	黃金豹	（精）	江戶川亂步著	特價 230 元
14.	魔法博士	（精）	江戶川亂步著	特價 230 元
15.	馬戲怪人	（精）	江戶川亂步著	特價 230 元
16.	魔人銅鑼	（精）	江戶川亂步著	特價 230 元
17.	魔法人偶	（精）	江戶川亂步著	特價 230 元
18.	奇面城的秘密	（精）	江戶川亂步著	特價 230 元
19.	夜光人	（精）	江戶川亂步著	特價 230 元
20.	塔上的魔術師	（精）	江戶川亂步著	特價 230 元
21.	鐵人Q	（精）	江戶川亂步著	特價 230 元
22.	假面恐怖王	（精）	江戶川亂步著	特價 230 元
23.	電人M	（精）	江戶川亂步著	特價 230 元
24.	二十面相的詛咒	（精）	江戶川亂步著	特價 230 元
25.	飛天二十面相	（精）	江戶川亂步著	特價 230 元
26.	黃金怪獸	（精）	江戶川亂步著	特價 230 元

・武術特輯・大展編號 10

1.	陳式太極拳入門	馮志強編著	180 元
2.	武式太極拳	郝少如編著	200 元

國家圖書館出版品預行編目資料

保護身體的免疫構造／才園哲人著，施聖茹譯
－初版－臺北市，品冠，民 94
面；21 公分－（熱門新知；9）
譯自：身體を守る免疫の仕組み
ISBN 957-468-395-8（平裝）
1.免疫學
369.85　　94010514

KARADA WO MAMORU MENEKI NO SHIKUMI

Originally published in Japan in 2003 by KANKI PUBLISHING INC.
Chinese translation rights arranged through TOHAN CORPORATION, TOKYO.,
and Keio Cultural Enterprise Co., Ltd.

版權仲介／京王文化事業有限公司

保護身體的免疫構造　ISBN 957-468-395-8

著　者／才園哲人
譯　者／施聖茹
發行人／蔡孟甫
出版者／品冠文化出版社
社　址／台北市北投區（石牌）致遠一路 2 段 12 巷 1 號
電　話／(02) 28233123・28236031・28236033
傳　真／(02) 28272069
郵政劃撥／19346241(品冠)
網　址／www.dah-jaan.com.tw
E-mail／service@dah-jaan.com.tw
承印者／國順文具印刷行
裝　訂／建鑫印刷裝訂有限公司
排版者／千兵企業有限公司
初版1刷／2005 年（民 94 年）8 月

定　價／230 元